創造只屬於你的
有意思的、溫暖的生活雜貨

請進！

想像在晴朗的假日裡，坐擁滿室純手工製造小物的角落，

愉快地看看這、摸摸那，然後啜一口恰恰沏好的奶茶？

這般舒適的空間，幸福的片刻。

「我的生活、每日的時光，都希望像這樣度過。」

這是一本能實現這般夢想的魔法書，

收集了大街小巷手創店或手創作家的巧思，

快點打開書吧！

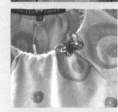

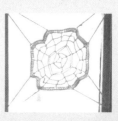

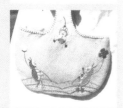

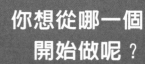

你想從哪一個
開始做呢？

目 錄

004

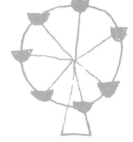

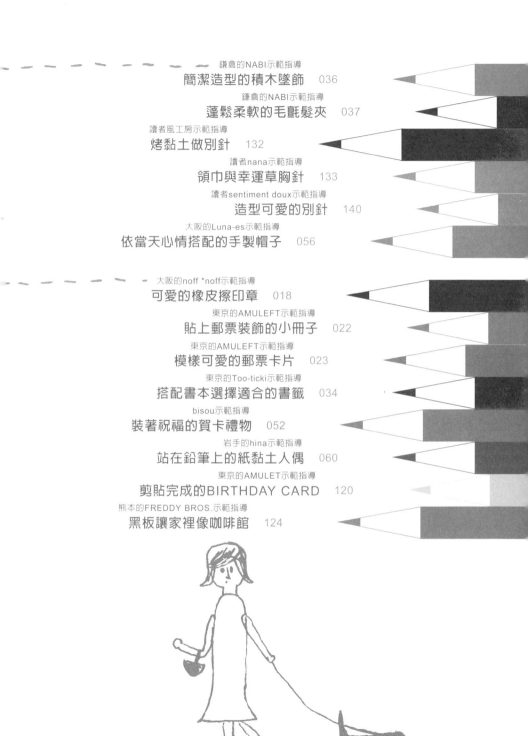

目　錄

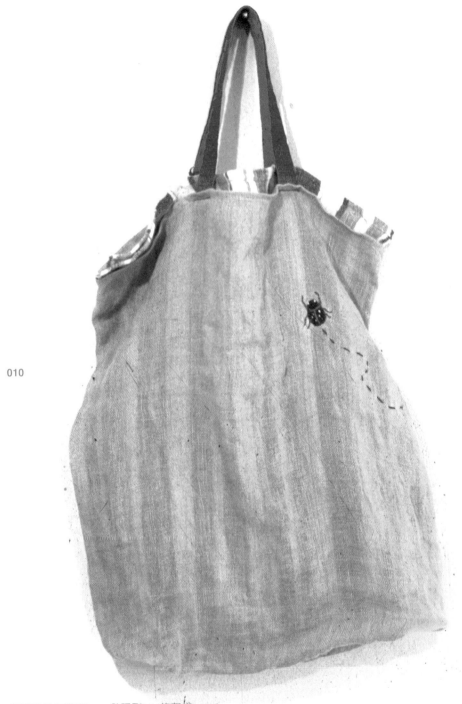

在葉山手工藝店haco發現到hiki的布袋，
　　　▶ P.175 商店名單
無論是素材、顏色、造型，都是世界獨一無二、擁有者專屬的商品。

在擁有手工雜貨的地方，
才能發現的可愛小東西。

旅行時隨性所至、走進
的小店，展開小小的華
麗冒險。

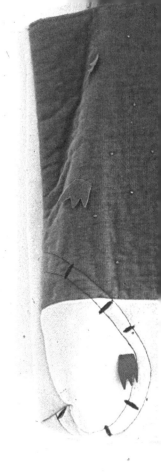

與那些彷彿何時何景曾相識的雜貨相遇時，
感覺到自己體內動手創作的欲望正在萌發。

大街小巷手創商店
示範製作方法的可愛雜貨

Les magasins qui vendent des articles originaux

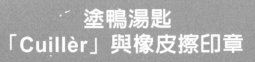

塗鴉湯匙「Cuillèr」與橡皮擦印章

Les cuillères fantaisies
les timbres humides illustés

旅行的回憶？就紀錄在湯匙上吧！

在家也能買得到塗鴉湯匙「Cuillèr」　購買方法在172頁

準備淘汰的舊湯匙
填滿了旅行的回憶

示範繪圖的是

大阪「noff *noff」
▶ P.172 商店名單
的akazawanoriko

塑膠湯匙，生活上經常使用到的東西，
竟能化身為這般可愛的紀念冊。果然是
相當特別的創意。描繪下自己的回憶
後，再裝在喜歡的畫框裡。嗯，快來秀
給大家看吧！

塗鴉湯匙「Cuillèr」
的製作方法在145頁

→
P.145

好像正在冒煙
的茶壺印章。

幸運草
是幸福的象徵。

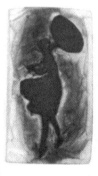

整整齊齊排排站！
可愛的樹葉圖案。

018

顯得早熟的
小女孩。

可愛的鴿子造型。

打扮美美的，
要去哪裡呢？

細膩的葉子圖案，
美麗且獨特。

橡皮擦印章的製作
方法在145頁

→

P.145

019

用最簡單取得的 東西製做印章

的方法

由大阪「noff *noff」

▶ P.172 商店名單

示範指導

akazawanoriko所示範的這
組印章，想不到橡皮擦也
可以變成這麼可愛的印章
吧。印章的圖案，可以是
自己喜歡的東西、動物、
人等等，都OK。做好後，
就像是自己的正字標記
般，盡情地到處蓋章吧。

沉睡的壓箱收藏品
化身為個人風格的文具用品

Coller des timbres sur votre agenda
les enveloppes à motifs devers

無論設計或顏色都相當漂亮的外國郵票，
當然不能讓它們就此沉睡！
外國郵票做這樣的新用途，很特別吧？

考慮配色或圖案組合的過程，也相當有趣。可以做成色彩繽紛的小手冊。

貼上郵票裝飾的小手冊

可以在東京「AMULEFT」找到

▶ P.166 商店名單

相信任何人都曾對色彩艷麗、且設計獨特的國外郵票動
心過，若僅是看看、或是封藏起來，未免太可惜了吧？
asano stamp示範的這個巧思，可以讓那些漂亮的郵票
有現身的機會，無論是放在手提袋裡、或在翻開手冊的
同時，都能變成一種賞心悅目的樂趣。

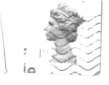

郵票封面小手冊的
製作方法在146頁

→ P.146

模樣可愛的郵票卡片

是「AMULEFT」asano stamp
▶ P.166 商店名單
的創意

製作出各式各樣圖案的
紙張，然後搭配適合的
郵票。紙張，可以依季
節或心情，分別印刷上
不同的圖案。

023

圓點圖案的卡片，適合
青蛙的郵票嗎？試著挑
戰自己的創意吧！

郵票卡片的製作
方法在146頁

→ P.146

好想學著做做看的
可愛手工鈕扣

Bouton"fair maison"

02

1

2

3

1&2　鐵絲鈕扣。試著用各種顏色的鐵絲做做看。　3&6　重疊各種毛氈的鈕扣。
4&5　玫瑰鈕扣。試著別在衣服上,讓鈕扣變成今天的主角。　7　可頌麵包鈕扣,
好可愛喔!　8　皮繩也可以做成鈕扣。

4

5

6

7

8

捲捲鐵絲、捲捲緞帶,
就變成了簡單的鈕扣

製作這些鈕扣的是

奈良「tomoon」

▶ P.170 商店名單

tomoon製作許許多多的鈕扣,有樹脂
做成的、也有木頭作成的,還有布料作
成的。這次示範的鈕扣,無論喜歡縫紉
的人或喜歡動手DIY的人都可以試著做
做看!接著,就趕緊動手做吧。

鈕扣的製作方法
在147頁

→
P.147

搭配竹籃的可愛小布蓋

Le panier è pain

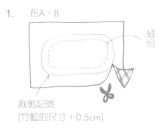

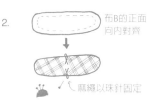

春天來了，就可以外出野餐去！

小布蓋的製作方法

● Material

竹籃
布A　竹籃的籃口＋0.5cm的縫份
布B　竹籃的籃口＋0.5cm的縫份
麻繩
小毛球
襯芯　竹籃的籃口(選擇可用熨斗熨黏的類型)
把手　40cm

● Step

1. 取下竹籃籃口的形狀，分別在布A、布B剪下所需的布料，並外加0.5cm的縫份。
   然後依竹籃籃口的形狀，剪出所需的襯芯，然後用熨斗熨黏在布A的背面。
2. 布A對摺、畫下記號，將對摺的麻繩以珠針固定在兩側的記號上。
3. 預留10cm的缺口、方便之後反轉布套(返口)，其餘部分縫合起來。
4. 依個人喜好繡上圖案，或是縫上自製的小毛球等。
5. 將把手穿過竹籃上側的空隙，再以縫線固定住。
6. 最後在把手上綁上麻繩，就變成了竹籃的小布蓋了。

1. 布A、B

縫份

裁剪記號
(竹籃的尺寸＋0.5cm)

2.

布B的正面
向內對齊

麻繩以珠針固定

3.

預留10cm的返口

黏貼襯

布A
布B

4.

襯芯

以熨斗熨黏

布A的背面

6.

綁上麻繩

讓人想帶著出去野餐的提籃

兵庫「Gallery R」

▶ P.172 商店名單

的Bleu Blanche示範

小巧美麗的提籃，真想拎著出門，感覺
巴黎彷彿就在伸手可及之處。如果家中
也有類似的提籃，不妨動手改造看看，
肯定能從中感受到DIY的樂趣。

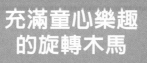

充滿童心樂趣
的旋轉木馬
Des jolies décorations

028

Cache Cache
Cou Cou
Cirque

可懸掛、可欣賞，也可拆換的吊飾

「cachecache coucou」mina的創意

▶ P.170 商店名單

在cachecache coucou有了新的品牌「toi toi toi！」，這是德語的「魔法」之意，可用於鼓舞或激勵他人時。而這個作品就是充滿了幸福魔法般的旋轉吊飾。

http://www.toitoitol.net/・http://cahecoucou.fc2web.com/

旋轉木馬的製作方法

● Material

帆布、棉襯、毛線、鈕扣、繡線、
橡膠板、布用印泥、6mm珠珠、
0.1mm厚的珠珠、風箏線、麻線(蕾絲線)

<尺寸>
圓周　約57cm
高　8cm
屋頂部分　以10片縫合(紅、白兩色，各30度，合計300度)
1邊　12.7cm(圓弧部分5.76cm)

<裝飾尺寸>
圓球　直徑3.5cm
動物的圖案　寬5.5cm、高6～7cm左右

● Step

<製作屋頂>

1. 貼上較硬的襯芯、棉襯，縫合屋頂的部分。
2. 正面交合重疊，預留下返口，其餘縫合。
3. 翻回正面，縫合返口。
4. 毛線捲50圈左右，以線綁緊中心點、然後剪成球狀，作為屋頂的頂端部分。

<製作牆壁>

5. 背面貼上襯芯、正面繡上刺繡等，個別縫合，正面交合重疊。
6. 車縫下部、再翻回正面，以折入方法車縫上部，變成圓筒狀。
7. 在圓筒內側縫上垂掛用的鈕扣(6處)。
8. 然後與屋頂部分縫接在一起。

<製作吊飾>

9. 在橡膠板或橡皮擦上描繪自己喜歡的動物圖案，作為印章。動物的尺寸約6～7cm左右。
10. 使用布用的印泥，印蓋在帆布或麻布上。
11. 薄的透明塑膠與蓋好印章的布交疊。
12. 預留下要裝入珠珠的洞口，其餘部分縫合。
13. 就著背面透明塑膠的部分，裝入珠珠後縫合洞口。
14. 順著縫合的周圍剪下。
15. 圓球的吊飾，則以蕾絲線或麻線鉤成直徑3cm的圓球，再用有顏色的絲線裝飾點綴。

屋頂
12.7 cm
300度
(紅白10片，各30度)

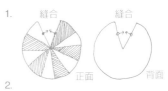

8cm　牆壁　57.6cm

1.

縫合　縫合

正面　背面

2.

3.

4.

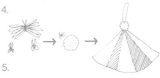

5.

CacheCache CouCou Cirque

7.

鈕扣

8.

CacheCache CouCou Cirque

6.

15.

以鉤針鉤出圓球

9.

10.

11.

透明塑膠

12.

周圍縫上縫線

13. 裝入珠珠

14.

以剪刀沿著剪下

散發甜菊花香與肉桂芳香的奶茶。
蜂蜜的甜蜜足以振奮精神。

甜菊與肉桂的
皇家奶茶製作方法
Recette tres facile de la cafétéria

栃木「安的朋友」所示範
▶ P.165 商店名單

● 材料（1人份）
紅茶(大吉嶺、錫蘭坎迪紅茶等等)
水　50cc
牛奶　180cc
甜菊　5～6朵(乾燥或新鮮皆可)
肉桂粉　少許

● 作法
1. 水放入鍋裡燒開。
2. 放進紅茶、甜菊與肉桂後，熄火。待茶葉葉片張開後，加入牛奶再煮。
3. 過濾茶葉。
4. 加入蜂蜜後，完成。

用喜歡的花布製作茶杯與茶壺

Recipient en tissu

茶杯與茶壺
的製作方法
在148頁

→

P.148

適合咖啡館氣氛　　　　　　　　的小袋子。

在家也能買得到這些
用喜歡的花布製作的
茶杯與茶壺
購買方法在175頁

用途多樣化的
可愛茶道具

東京「BRIQUE」的
▶ P.175 商店名單
MISAO示範指導

原本擱在廚房一角的茶壺或茶杯，
也可以變身成裝飾小道具。依照布
料的配色，然後按個人喜好作出各
種創意，不僅可成為居家的裝飾
品，也能在使用時增添樂趣。

每天都能使用的
大型手提草袋
Le grand sac à provisions

無論是攜帶出門、或裝飾居家，都相當可愛。

瞧，即使打開草袋，露出的
大方格棉布依舊可愛。

什麼都放得下的
大型手提草袋

製作示範的是

東京「BRIQUE」的老闆娘
▶ P.175 商店名單

渡邊由理

使用度相當能隨心所欲的這個草袋，其實是
用麥桿親手編織而成的。裡層縫上了色彩鮮
明的棉布，更增添了時尚感。有了這麼大的
草袋，相信做什麼都方便

大型手提草袋
的製作方法
在149頁

→
P.149

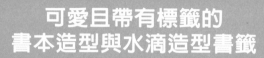

可愛且帶有標籤的
書本造型與水滴造型書籤
La pluie et le livre

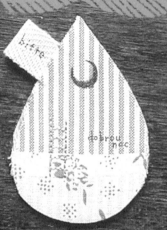

搭配書本，
選擇適合的書籤

東京的「Too-ticki」
▶ P.165 商店名單
可以找得到喔

有四角型與水滴造型。這些各
種不同風格的書籤是由山村悅
子所設計製作的，重點式地施
以小插圖或刺繡的裝飾，可以
搭配書本或心情，隨時替換。

書本造型與水滴
造型書籤的製作
方法在150頁

P.150

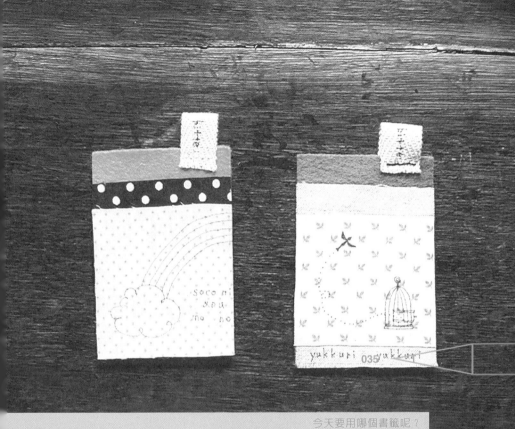

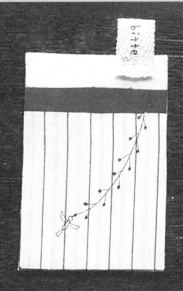

造型簡潔的積木墜飾
與蓬鬆柔軟的髮夾
Bijoux coloris simples

想出去走走的
雲朵墜飾。

貓咪也跟著一起出門囉！

在家也能買到積木造型
的墜飾
購買方法在167頁

積木造型墜飾
的製作方法在
151頁

天使造型果然可愛。

→
P.151

毛氈髮夾的製作
方法在151頁

→

P.151

簡單俐落的髮型很適
合搭配這樣的髮夾。

每天都想配戴在身上的小飾品

毛氈髮夾由鎌倉「NABI」的渡邊樹代子示範
▶ P.167 商店名單
積木造型墜飾則由內藤三重子製作示範

裁下喜歡的形狀、搭配中意的小玻璃珠做點綴，就可以動手做出
小飾品了。小積木配上櫻桃，這些都是童年時最喜歡的東西，卻
能變成創意的巧思。

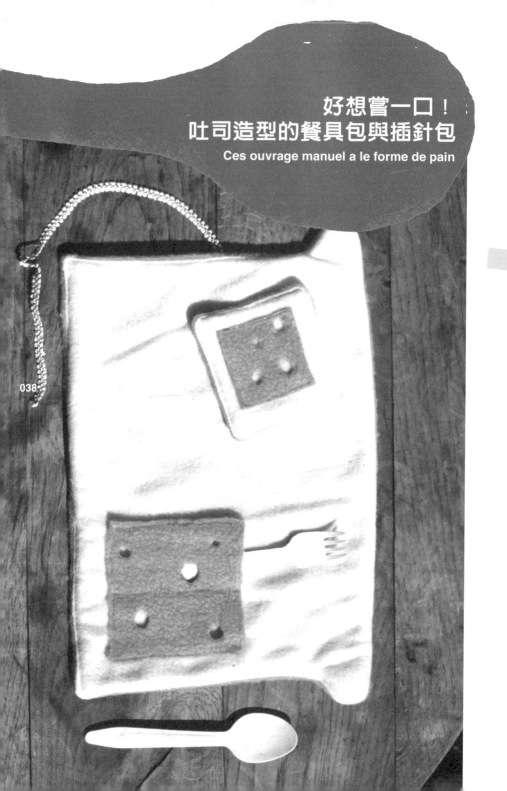

好想嘗一口！
吐司造型的餐具包與插針包
Ces ouvrage manuel a le forme de pain

038

放在餐桌上，讓人忍不住想嘗一口的插針包。

吐包？起司？
原來是餐具袋與插針包

仙台人氣商店

「mash puppet」的
▶ P.165 商店名單
創意美味雜貨

吐司上面還有起司，光看就令人垂涎三尺，如此美味的餐具袋與插針包。以吐司為創意概念的雜貨果然有趣，這些充滿幽默趣味的小雜貨，是由nasukawamie與kazumi示範指導。

吐司造型的餐具包與插針枕的製作方法在154頁

→
P.154

如此細膩製作完成的咖啡餐墊，值得好好珍惜使用。

可愛的女孩與男孩餐墊

由大阪「CACHALOT」的向井夫婦示範指導
▶ P.171 商店名單

刺繡與插畫搭配組成的餐墊，細膩的刺繡與可愛的插畫，原來是如此的調和。特別適合想悠閒鬆口氣時，可以墊在杯子底下使用。這是向井夫婦合力創作完成的，尤其令人感受到作品傳遞出的溫馨。不僅可以當作餐墊，也不妨就掛在牆上當裝飾吧！

在麻布上繡上可愛的插畫刺繡。

有著漂亮的插畫
與細膩刺繡
的餐墊

Les tasses de
tous les jours

刺繡咖啡餐墊
的製作方法在
152頁

→
P.152

紅色系是女生專用,藍色系是男生專用,果然簡單又明瞭。

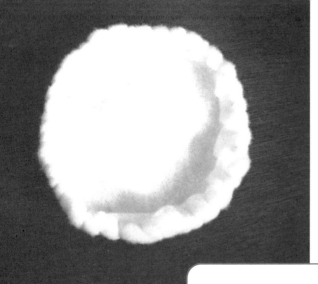

膨鬆柔軟又舒服的小皿。

在家也能買到方便
實用的布製小皿
購買方法在167頁

方便實用？
再也不想與布製小皿
分開了

橫濱「Musette」的toko
▶ P.167 商店名單
示範指導，令人愛不釋手
的餐桌小道具

以鐵絲編網作底座，然後縫上布料、鈕
扣、珠珠或緞帶等，就變成了迷你尺寸
的可愛小皿。基本上的用途都是小皿，
但只要把底座稍加變化，就能變成葉片
或水滴造型，還可以預備多做幾個，交
替使用。

一口氣做好幾個
擺在餐桌上
也能樂趣無窮

Les petites assiettes en tissu

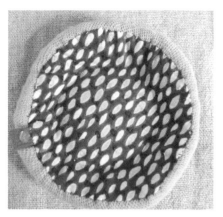

橘色與黃色的搭配，相當顯眼。

圓點圖案果然可愛。

好可愛喔！草莓圖案，這樣的配色果然一絕。

葉片造型，很特別吧？

布製小皿的製作
方法在155頁

→
P.155

飽滿造型的舒服感

Les pantoufles en feutre

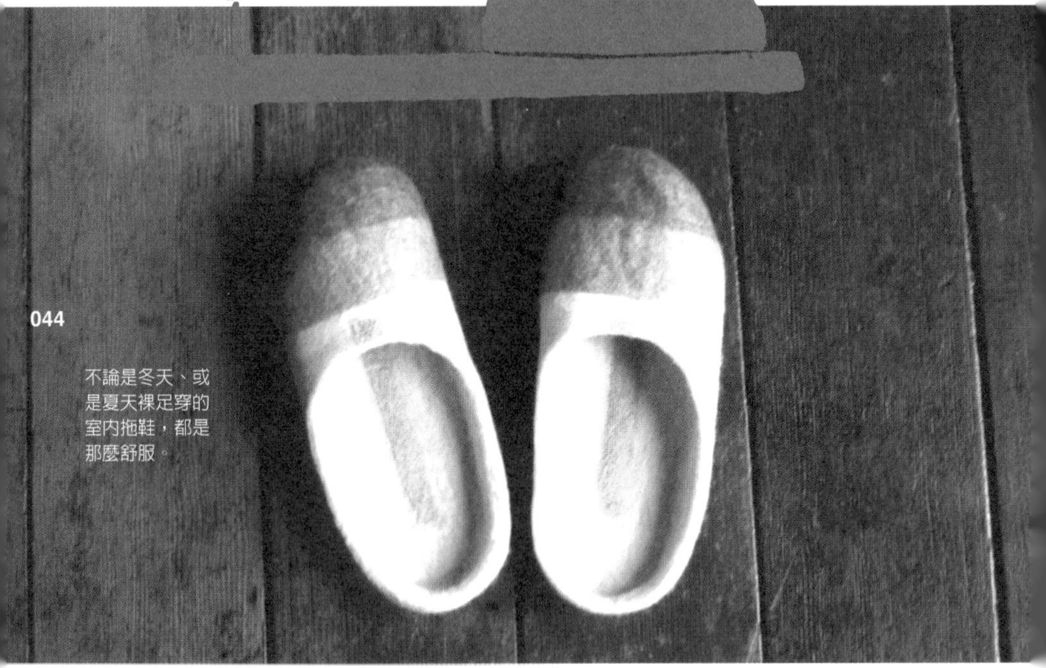

不論是冬天、或
是夏天裸足穿的
室內拖鞋,都是
那麼舒服。

在家也能買到毛氈的室內拖鞋
購買方法在166頁

毛氈室內拖鞋
的製作方法在
157頁

→
P.157

傳遞出毛氈溫度的
室內拖鞋

東京「COCOdéCO」
▶ P.166 商店名單
的太田有紀示範指導

飽滿圓滑的造型，不僅感覺溫暖且又舒
服的室內拖鞋。清新的配色，即使是夏
天，不穿襪子，也可以在室內穿著。弄
髒了，還可以清洗。

大正時代舊屋的畫廊與店鋪，
是非常舒適的空間。

有著細緻刺繡的美麗插針包

La pelote en feutre

封印住風景的插針包

委託東京「COCOdéCO」販售的創作家
▶ P.166 商店名單
feltata示範指導

047

毛氈製作出的水滴造型插針包。
外型非常可愛，若再加上刺繡圖案，就是既可愛又細緻的
美麗作品了。無論是當做插針包、或是房間的擺設，都相
當適合。

星空圖案插針
包的製作方法
在156頁

→ P.156

插針包上綴著令人嚮往的風景。

洋娃娃溫壺套與
俄羅斯兔子娃娃

Les articles en forme de poupée

穿梭在愉快午茶時間的兩個娃娃。

來個新穎有趣的兔子與洋娃娃吧

大阪的「dent-de-lion」，

▶ P.170 商店名單

溫壺套由wooroo、俄羅斯兔娃娃由kana示範指導

穿著漂亮花裙的洋娃娃，以及包著頭巾的小兔子，都是那麼令人愛不釋手。洋娃娃的溫壺套與茶壺配成對，小兔子則可以放在書桌上當作擺飾，無論何者都能療癒心情，是永遠珍藏愛用的雜貨。

「呼──」鬆口氣時，就能四目相對。

洋娃娃溫壺套的製作方法　　▶ 紙型在71頁

● Material

< 布料 >
紙型A　表布30×25cm　2塊
紙型B　裡布30×25cm　2塊
紙型C　裙布30×20cm　2塊
棉襯　　30×25cm　　2塊
(紙型在71頁)

< 蕾絲 >（緞帶膠布或花邊膠布）
裙襬　60cm
身體腰圍部分　10cm

< 其他 >
不要的毛氈（不要的原毛）
原毛（自己喜歡的顏色）少許
毛線（頭髮的部份）
刺繡
珠珠　少許
毛線用的針

● Step

< 製作主體 >
1. 剪下紙型，分別放在A、B、C布上，
   預留1cm的縫份，並分別裁剪下兩塊。
2. A布的背面襯著棉襯，正面對著正面縫
   合，B布也正面對著正面縫合。
3. C布預留下5cm不縫合，同樣也是正面
   對正面縫合。
4. A布翻回正面、B布則不動，然後將B布
   套在A布裡，下襬往內摺1cm縫合。
< 製作洋娃娃的身體 >
5. 以線綑綁不要的毛氈，然後調整成圓
   柱形。
6. 將原毛分別捲在臉部、衣服的部分，
   避免讓綑綁後的毛氈外露。
7. 以針依各方向填入原毛、整型，直到
   整體達到某種程度的堅硬。
8. 眼睛、臉頰、衣領部分也填入原毛，
   做出表情與形狀。
9. 然後繡出眉毛、嘴巴，衣服的鈕扣則
   縫上珠珠代替。
10. 取適量的毛線當做頭髮，放在頭部、
    縫合固定後，再分做兩股編麻花辮，
    末梢以繡線縫合、固定。
< 完成 >
11. 步驟4完成的主體與洋娃娃的身體縫
    合。
12. 步驟3完成的裙子由上往下套入後，縫
    合腰部。
13. 腰部、裙襬各自縫上自己喜歡的緞帶
    或裝飾。

整理髮型或在裙子上縫上珠珠，即可完成。

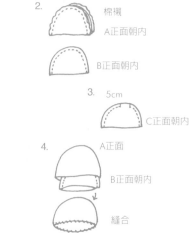

2. 棉襯
   A正面朝內
   B正面朝內

3. 5cm
   C正面朝內

4. A正面
   B正面朝內
   縫合

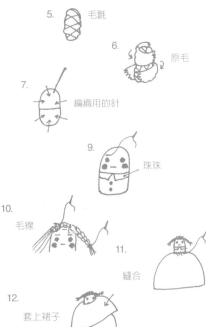

5. 毛氈

6. 原毛

7. 編織用的針

9. 珠珠

10. 毛線

11. 縫合

12. 套上裙子

13. 縫上緞帶或花邊

俄羅斯兔娃娃的製作方法

● Material

< 主體 >
身體(上部、手)用 布料30×25cm
身體(下部)用 布料20×15cm
頭巾、耳朵、頭巾蝴蝶結用 布料30×30cm
袋子、提帶用 布料10×10cm

< 其他 >
厚紙 10×10cm
毛球 2個(適當大小)
毛氈 少許
刺繡線
迷你鈕扣或珠珠 少許
黏膠
棉花

● Step

1. 剪下紙型放在布上，並預留下縫份後，然一一剪裁。
2. 身體上部的前片與後片的正面朝內、對齊縫合，再分別與身體下部縫合。
3. 步驟2完成的身體，正面朝內對齊縫合後，翻回正面、裡面則填入棉花。
4. 底部的中央放入厚紙、疏縫，然後拉緊，與步驟3的底部縫合。
5. 縫出手與耳朵，然後翻回正面、塞入棉花，最後將開口處縫合。
6. 縫出頭巾的褶子，罩在頭部後整型，前端捲成蝴蝶結狀後縫合、固定(參照圖示)。
7. 耳朵縫在頭巾上。
8. 毛氈整型後黏上眼睛，取少量的黏膠黏在臉上。
9. 繡出睫毛與鬍子。
10. 毛球縫在鼻頭與尾巴部位。
11. 手縫在身體上。
12. 縫合袋子後，翻回正面、再縫上提帶，並以鈕扣固定裝飾(參照圖示)。
13. 將縫好的袋子掛在手上，並縫合固定，身體再綴上刺繡、或個人喜歡的緞帶等。

刺繡用的英文字樣

Матрёшка

3.

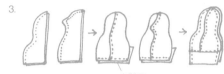

身體上(後)　身體上(前)　身體下

4.

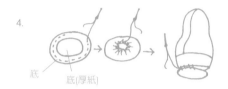

底　底(厚紙)

6. 7.

背面
褶子
頭巾

兩端摺入後縫合

頭巾的蝴蝶結

11.

12.

袋口的部分往裡摺5mm，縫合

正面朝內對齊，縫合底部

袋子的提帶

摺3摺後縫合

迷你鈕扣

裝著鳥與氣球吊飾
以及賀卡的禮物

Ces objets sont agréables à vivre

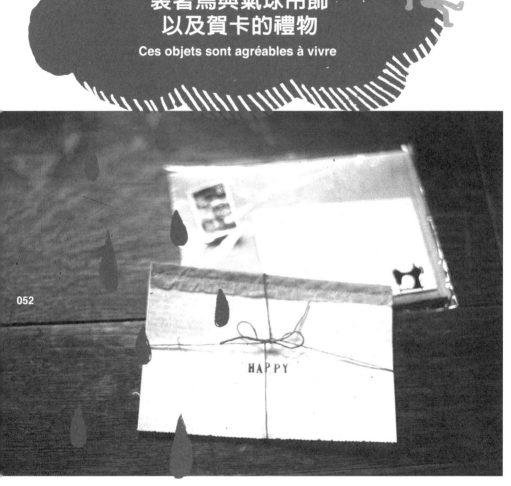

052

DEAR YOU

裡面裝滿了祝福，收到禮物的
人應該會相當喜悅吧。同時，
製作的人也同樣能感受到其中
的幸福。

TO YOU

bisou的線上商店在此：**http://www.kcc.zaq.ne.jp/bisou/**

無論製作或贈禮
都能相得益彰

手製的樂趣來自
「bisou」的禮物

能送上這樣的賀卡,是
多麼美好的事情啊。而
手製的吊飾,應該能吸
引不少路過人的目光
吧。讓周遭的人也能感
受到幸福的手製雜貨,
真是太神奇了。想到能
讓其他人感受到喜悅,
應該就能努力製作完成
了,或許這就是手工創
作的樂趣所在。

賀卡禮物的製作方法

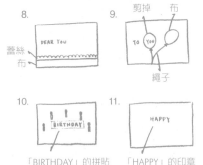

● Material

<布的信封>
布(這裡使用的是麻布) 16.5×18.5cm
熨燙黏貼用的魔術貼布 直徑2cm的1組
黏著線(這裡使用的是白色)與刺繡用的棉貼布
(這裡使用的是白色) 寬5mm、長8cm左右

<賀卡部分>
素色的明信片 1張
英文報紙 依明信片尺寸裁剪
白色的薄紙(當作底部的紙等) 依明信片尺寸裁剪
茶色的蠟紙 15×3cm
英文字母的圖章與黑色印泥、木工用黏膠、
刀片、剪刀、膠水
拼貼用信封所使用的布(這裡使用的是麻布)、
蕾絲、紙、繩子

● Step

<製作布的信封>
1. 麻布如圖剪裁。
2. 圖1的A部分繡上自己喜歡的圖案（在
   這裡B的字母以白色繡線十字繡）。
3. 圖1的B車布邊（或是鋸齒縫）。
4. 圖1的C依虛線正面朝外對摺，車縫圖
   2D（或是鋸齒縫）。
5. 圖2的E以熨斗熨燙1片魔術貼布在信封
   f的前端。
   ※此時，將對摺的棉貼布一起放在魔
   術貼布下熨燙。
6. 圖2的F再貼上另1片魔術貼布。
7. 圖2的G依虛線折出信封封蓋的摺線，
   以魔術貼布固定。

<製作賀卡>
8. 白色的明信片的底下部分，以布(這裏使
   用的是與信封相同的麻布)與蕾絲拼貼裝
   飾。
   右側預留位置寫賀詞，左側則蓋上
   「Dear ○○」的字樣(這裡也可以用you
   代替)
   ※這是最底下的卡片。
9. 牛皮紙的左側蓋上「TO」的字樣，剪掉
   兩個氣球中的其中一個，另一則以可
   愛的花布拼貼，並貼上氣球的繩子。
   ※圖8的「you」，必須從被剪掉的氣球
   的洞口看見。
10. 圖8、9都是在說明氣球與文字的位
    置。
    在白紙印蓋上的「BIRTH DAY」的字
    樣，剪下後貼在英文報紙上。印上的字
    樣周圍再拼貼出蠟燭的圖案。
11. 白色薄紙印蓋上「HAPPY」的字樣。
    ※從圖11可以薄透到看到圖10的字，
    所以圖10與圖11必須合併考量文字與
    拼貼的位置。
12. 明信片上依序疊上牛皮紙、英文報紙、
    白薄紙，上面在夾上蠟紙(對摺)，然後
    以縫紉機車縫裝飾。

1. (正面)

28.5cm
A
C B
16.5cm
8cm 10.5cm 10cm

2. (反面)

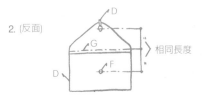

D
G
D
F
相同長度

8.

DEAR YOU

蕾絲
布

9.

剪掉 布
TO YOU
繩子

10.

BIRTHDAY

「BIRTHDAY」的拼貼

11.

HAPPY

「HAPPY」的印章

卡片繫上緞帶，再將布的信封放進透明
塑膠袋(包裝用)，貼上郵票郵寄。

布的信封，不僅可以重複使用，還可以
當作帳本的套子或香包袋等，如此通
用，收到的人應該也會很高興。

鳥與氣球吊飾的製作方法

● Material

< 配件 >
- 氣球、2隻鳥
  白塞木　3cm左右，能取下配件的大小
- 房子
  白塞木　4.5cm×4.5cm的正方形，高則為5.5cm
- 樹木
  直徑1cm以上的樹枝，長約6cm左右
  木頭珠珠　這裏使用的是黃色，直徑8mm
  鋁質鐵絲(可以穿過木珠珠的洞孔)

< 支撐 >
釣魚線(8號)
釣魚線用的固定夾　10個
小型螺絲釘　5個
車掛用的吊環直徑2cm
水性漆(這裡是使用灰色、象牙白、藍綠色、芥末色、褐色)

 固定夾

螺絲釘

< 其他 >
刀片、裁斷機、砂紙、木工用黏膠、螺絲起子、穿孔機、油漆用水桶、水壺等

▶ 紙型在79頁

就像這樣的位置排列

● Step

< 製作配件 >

1. 從白塞木取下氣球與2隻小鳥，四方型的白塞木則切出房子的形狀，然後以砂紙研磨整形。
2. 2隻鳥打出眼睛與釣魚線要穿過的洞(上下2處)，塗上顏色(這裏使用的是象牙白)。
3. 氣球塗上顏色(這裏使用的是灰色、象牙白、藍綠色、芥末色、褐色)，十字交錯組合，再以黏膠固定，做出立體的感覺，上下鎖上螺絲釘。
4. 房子也塗上顏色(這裏使用的是象牙白、芥末色、褐色)。屋頂做瓦片的圖案，並描繪出門窗，並同樣鎖上螺絲釘。
5. 樹枝的5處，以斜下方向穿孔(是為了插進鐵絲的樹枝，做出樹木的模樣)。
6. 製作樹木用的鐵絲樹枝。→鐵絲穿過木珠珠，以老虎鉗子扭轉成樹枝的模樣(共作出5個)。2個插在樹的上方，長度較短，插在下方的3個則略長。
7. 圖6黏上黏膠。圖5插入，待凝固後整形(鋁質鐵絲較柔軟，最好等完成後再整形)。

< 以釣魚線串連各配件 >

8. 剪下10cm左右的釣魚線，各4條。釣魚線先穿過固定夾、再穿過配件，然後以固定夾固定(鉗子夾緊固定夾，才不會脫離釣魚線)。
各配件如圖順序串連而下，最後，氣球的上部準備吊掛用的長繩(20cm左右)。一邊以固定夾固定在氣球的上部，一邊則固定住吊掛用的吊環。

7. 　由上看到的模樣

木珠珠

樹枝

8.

猶如兩條釣魚釣穿過固定夾般，再以鉗子壓緊固定。

可以放在玄關走廊或庭院或窗邊當作裝飾。

※懸掛在屋外時，若遇大風大雨或颱風時，請拿進室內。

5.

上2處

下3處

6.　　　　木珠珠

鋁質鐵絲

扭轉

下面剪掉

依照那天的心情
配戴手製的帽子
Les chapeaux "fait maison"

毛線蓓蕾帽。重點式地點綴上
自己喜歡的圖案。

剛剛鉤好的鬱金香造型帽。也可
以使用舊T-Shirt、撕裂成條狀編
織做成。

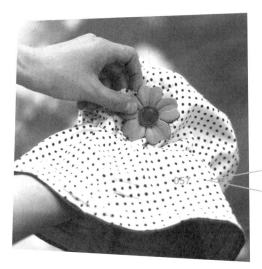

也能反過來配戴。剩下的布做成
裝飾品,也很好看喔

可自由造型的帽子,甚至可以
扭成一團塞進袋子裡。

各種造型,帽子則是主角。

能增添平日服裝
時尚感的帽子們

大阪「Luna-es」川中michi
▶ P.171 商店名單
示範指導

分別示範指導了三款不同樣式帽子的
製作方式。無論是哪一款,戴起來都
相當順眼宜人。對於平常的打扮,還
能有加分的效果,並洋溢著自然的氣
息。隨著當天的心情配戴帽子,也是
生活的一種樂趣。在晴空下,肯定能
吸引眾人羨慕的眼光。

布編織帽子的製作方法

● Material

棉布各種
鉤針＋10mm

布料

先以剪刀
稍微剪開。

<線的製作方法>

<線的製作方法>
首先得先用手將布撕成條狀。做法是以剪刀剪出每條寬幅約1～
1.5cm左右，再以手撕開（此時若太用力，布邊會產生許多鬚
鬚，得留意）。

像這樣把布的邊緣不剪開（留下
1cm左右），才能連結在一起。

準備各種顏色或花紋的布。

● Step

1. 起針→（8針）1條圈成2圈，然後在上面鉤8針長針。
2. 第2段（16針）→利用3針鎖針做出高度。
   第1段每個針眼各織出2針長針，最後拉拔針。
3. 第3段（22針）。
   第4段（27針）第3～6段以長針加針。
   第5段（32針）。
   第6段（35針）。
   第7、8段（22針）每加1針就織1針長針。
   第9段 以長針、短針來加針。
   第10段

最後剪掉線，然後將線
尾收進針眼裡，即完成。

○	鎖針
┬	長針
ᐯ	2針長針（織入針眼裡）
ᐯᐯ	2針長針
×	短針
●	拉拔針

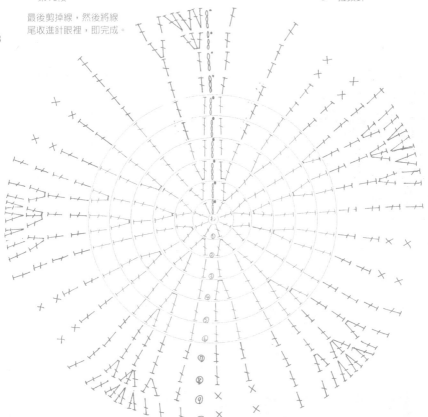

毛線帽的
製作方法

● Material

運動服等或是其他編織的布料 25×15cm（12片）
毛線材質的膠布 60cm（2份）
鈕扣
繩子

< 徽章用 >
毛氈
安全別針
毛線
黏膠
毛線黏貼在毛氈上做成徽章

● Step

1. 預留1cm的縫份後裁剪。
2. 每3片一組縫合（縫份則倒向單側車縫固定），完成4組。
3. 每2組縫合一起（縫份倒向單側車縫固定），完成2組。
4. 膠布縫在1cm的縫份上，做2組。
5. 帽子的表布與裡布對齊，為了避免偏移，先以膠布在縫份的5mm處假縫固定（正裡都要）。
6. 膠布重疊正面與裡面帽沿一圈，並依個人喜好在0.5～1cm處縫上繩子，然後在帽後穿過鈕扣，再打上蝴蝶結。
   搭配帽子的顏色裝飾上徽章。

兩面通用便帽的
製作方法

● Material

表布
裡布
碎褶用的鬆緊帶
斜布條

● Step

1. 預留縫份後剪裁。
2. B的表布裡布的側邊縫合，再以熨斗平整。
3. 縫合A與B，在表布的虛線位置一邊拉扯鬆緊帶、一邊縫合固定，做出碎褶。
4. 表布與裡布的正面對齊，斜布條包裹住帽沿邊，並車縫數道縫線。
5. 剛才碎褶的部位，再度車縫固定即完成。

多餘的布則可做成別針等裝飾。

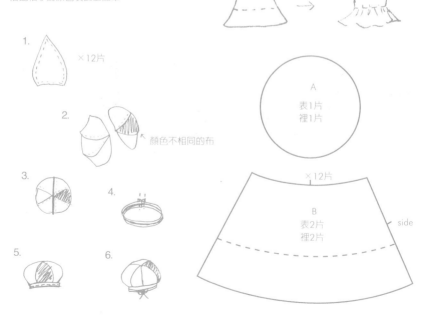

1. ×12片

2. ←顏色不相同的布

3.

4.

5.

6.

A
表1片
裡1片

×12片

B
表2片
裡2片

side

站在鉛筆上的紙黏土人偶

岩手「hina」的kaochi
▶ P.164 商店名單

示範指導

主角是5～6cm大小的紙黏土人偶，每個紙黏土人偶的表情都不盡相同，是相當有趣的作品。套在鉛筆上後，讓每天的唸書、寫功課，都變得有趣了。不僅可以套在鉛筆上，還可以當作壁飾，或是放在餐桌上當作裝飾。

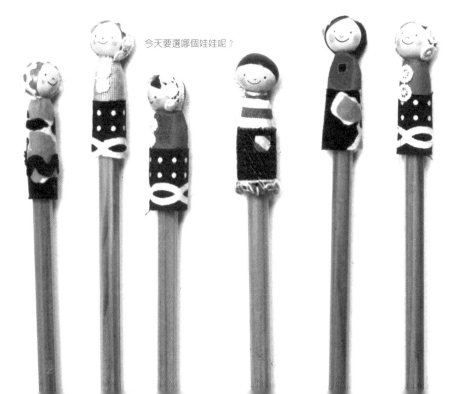

今天要選哪個娃娃呢？

作出各式各樣表情造型的紙黏土人偶

Le stylo en forme de poupée

在家也能買到紙黏土的人偶
購買方法在164頁

每個都好可愛，難以抉擇耶！

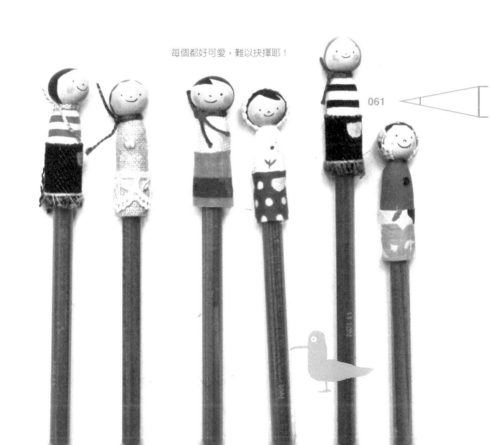

061

紙黏土人偶的製作方法

● Material

鉛筆
紙黏土
竹籤
樹脂顏料
油性筆（極細）
各種的布片
黏膠
預先準備好的半成品（鈕扣、繡線、蕾絲、毛氈等）

● Step

1. 紙黏土做成的身體部分先捲在鉛筆上，最前
   端插上竹籤，當成軸。
2. 揉成圓形的紙黏土插在竹籤上，當做頭部。
3. 待紙黏土乾燥後，以樹脂顏料描繪上頭髮。
4. 待顏料乾後，再以油性筆畫上眼睛、鼻子、
   嘴巴。
5. 布片裁成橫長的扇形狀，在背後中間位置對
   齊黏合。
6. 依個人喜好裝飾上事先完成用的材料。

1~2.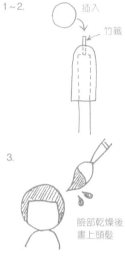
插入
竹籤

3.
臉部乾燥後
畫上頭髮

4.
以極細筆仔細描繪

5.
在背部對齊接合
（如果是洋裝，就僅有一片）

6.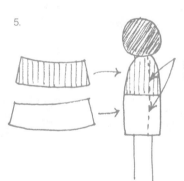
鈕扣
口袋
刺繡
等等

kaochi*

燈罩的製作方法

● Material

毛氈　厚實的（沒有的話，則兩片交疊混合）
毛線少許

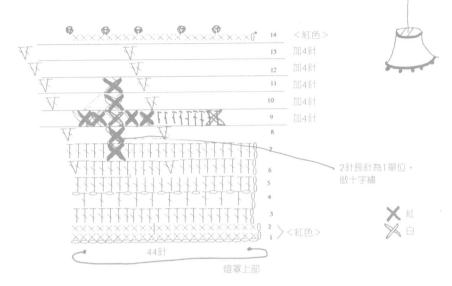

14　＜紅色＞
13　加4針
12　加4針
11　加4針
10　加4針
9　加4針
8
7
6
5
4
3
2　＞＜紅色＞
1

44針

燈罩上部

2針長針為1單位，
做十字繡

✕　紅
✕　白

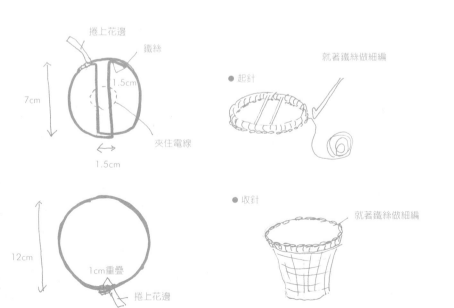

捲上花邊

鐵絲

1.5cm

7cm

夾住電線

1.5cm

就著鐵絲做細編

● 起針

12cm

1cm重疊

捲上花邊

● 收針

就著鐵絲做細編

鳳梨蘇打的製作方法

Recette tres facile de la cafétéria

● 材料（4人份）
鳳梨片罐頭　1罐（約350g）
罐頭裡的糖水　80cc
砂糖　80g
薄荷　4～5片
perrier氣泡水（或perrier檸檬氣泡水）　瓶裝330cc的2瓶（1人份約半2瓶）

● 製作方法
1. 鳳梨罐裡的糖水與鳳梨片分開，鳳梨片切碎備用。
2. 切碎的鳳梨放入砂糖、糖水、薄荷，以攪拌器攪拌20秒左右。然後放進
   製冰盒裡，放進冷凍庫結凍。
3. 結凍的步驟2放入玻璃杯，然後再倒入氣泡水，放進幾片新鮮薄荷。
4. 一邊攪拌會更好喝喔。

栃木 「安的朋友」 示範指導
▶ P.165 商店名單

與優格搭配也相當好吃喔！

只要攪拌混合、然後結凍，就可以在想喝的時候享用了。

軟綿綿的
毛線燈罩與兔寶寶

Les articles en laine.
c'est mignon

毛線燈罩的製作
方法在63頁
兔寶寶在66頁

→
P.63. 66

065

充分運用素材的作品，呈現出柔軟蓬鬆特質

充滿柔軟印象的
手工藝作品

京都「T's collection」
▶ P.170 商店名單
beads×2示範指導

從小憧憬的甜美手工藝世界，
即使長大成人了，仍懷抱著美
好的印象。而這樣的作品，更
令人體會到手工藝的魅力，永
遠嚮往、憧憬。

兔寶寶的製作方法　▶ 紙型在127頁

● Material

<娃娃>
毛氈　20×30cm
布偶用的絨毛　8×6cm
毛線（極細）
針織棉（膚色）
繡線

<衣服>
棉布
鈕扣1個

● Step

1. 製作頭部

棉花

10cm
棉花
10cm

3cm
4cm
②用線綑綁
①綑綁

②綑綁
針織棉
①縫合
③綑綁

①縫合　捲毛線
②刺繡

1.

• 毛氈的縫合法

毛氈
（正面）

就像穿鞋帶般由
內往外。

2. 製作身體

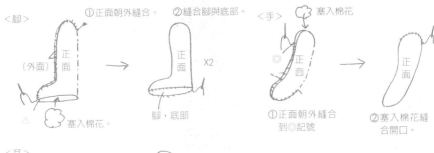

<腳>
（外面）
正面

①正面朝外縫合。
正面
△　塞入棉花。

②縫合腳與底部。
正面
X2
腳，底部

<手>　塞入棉花
正面
①正面朝外縫合
到◎記號

正面
②塞入棉花縫
合開口。

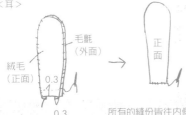

<耳>
絨毛
（正面）
毛氈
（外面）
0.3
0.3

正面

所有的縫份皆往內側摺，與毛氈縫合。

<身體>

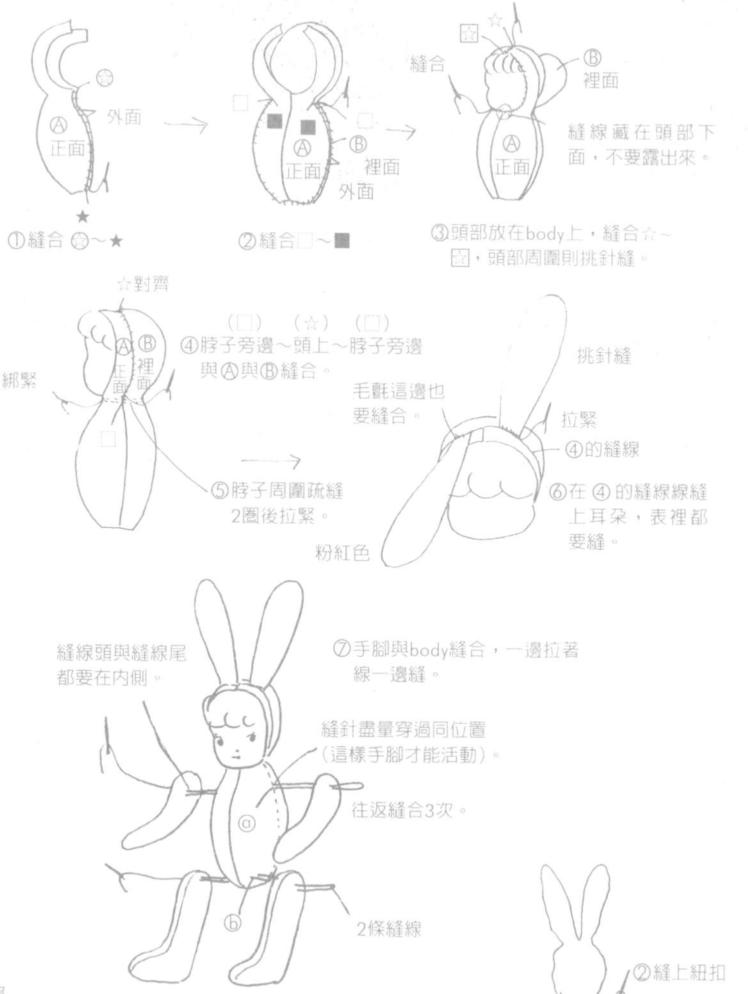

①縫合⊙～★

②縫合□～■

外面
正面
Ⓐ

裡面
外面
正面
Ⓐ
Ⓑ
裡面

縫合
裡面
正面
Ⓐ
Ⓑ

縫線藏在頭部下面，不要露出來。

③頭部放在body上，縫合☆～
⊠，頭部周圍則挑針縫。

☆對齊

綁緊

正面
裡面
Ⓐ
Ⓑ

(□) (☆) (□)

④脖子旁邊～頭上～脖子旁邊
與Ⓐ與Ⓑ縫合。

毛氈這邊也
要縫合。

⑤脖子周圍疏縫
2圈後拉緊。

粉紅色

挑針縫

拉緊

④的縫線

⑥在④的縫線線縫
上耳朵，表裡都
要縫。

縫線頭與縫線尾
都要在內側。

⑦手腳與body縫合，一邊拉著
線一邊縫。

縫針盡量穿過同位置
（這樣手腳才能活動）。

往返縫合3次。

ⓐ

ⓑ

2條縫線

3. 製作衣服

②縫上紐扣

背面

①挑針縫

20.5

③縫出領口
（紅線1條）

①縫合肩線

0.5

②刺繡

068

鍋子煮奶茶的製作方法

1. 鍋裡放進140cc與2湯匙的茶葉。
2. 待煮沸後即離火，然後搖晃鍋子。
3. 待茶葉往下沉，即注入210cc無添加牛奶。
4. 再度煮沸前即關火，倒進茶壺裡。

※若欲添加肉桂等香料時，請在步驟1時一同放入。

燒杯煮咖啡的製作方法

1. 將沸騰的熱水移到茶壺哩，待降溫至90℃。
2. 研磨20g的新鮮咖啡豆。
3. 避免熱水潑到了濾紙上，將熱水緩緩倒入，蒸30秒～1分鐘
   （若是新鮮的咖啡豆，咖啡會呈現膨脹的狀態）。
4. 避免破壞步驟3的膨脹感，將原本倒入熱水蒸過的部分移到燒
   杯上。
   快速地倒進100cc的熱水，然後將燒杯上的濾網移開，再倒進
   50cc的熱水。

※品嘗時，若聞得到巧克力般的香氣，就表示成功了。

可以當作壁飾的
小鳥圖案手提袋

Mon sac de tous les jours

在家也能買到可以當作壁飾的
小鳥圖案手提袋
購買方法在166頁

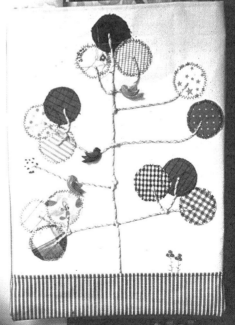

使用方式百百種
樂趣也百百種

東京「miyuru堂」
▶ P.166 商店名單
示範指導

後藤yuko示範的這個袋子，
也可以掛在牆壁當做裝飾。
色彩繽紛、造型可愛的大樹
上，彷彿還聽得到小鳥動人
的鳴叫聲。

可以當作壁飾的小鳥圖案手提袋的製作方法

● Material

帆布
牛仔布（條紋）
裡布用的棉布
棉襯（沒有的話也沒關係）
麻繩（樹木的枝幹）
各種的碎布（樹葉）
提帶用的皮革
珠珠（依個人喜好）
包扣
鬆緊帶
市售的小鳥造型夾子（或是木製洗衣夾黏上小鳥造型毛氈）

● Step

1. 取當作樹葉的碎布剪成適當大小的圓形，放在帆布上、排列在樹枝接連的位置上，再以鋸齒縫固定。
※ 先以黏膠黏貼碎布，比較容易縫合固定。
2. 縫上用作樹幹與樹枝的麻繩。此時，為了待會兒能夾上小鳥夾子，所以麻繩不要全部縫死（也可依個人喜好繡上花朵）。
3. 帆布與牛仔布的兩側邊縫合，變成了袋狀。裡布用的棉布襯上棉襯，兩側與底部縫合也成了袋狀。
此時，底部預留下10cm左右。
4. 預留表布的提帶位置，然後表布與裡布正面朝內縫合，再縫合袋口的部分。
5. 縫合步驟3中裡布預留下的底部開口。使用碎布做成包扣，穿過鬆緊帶裝飾在提帶上。

※小鳥的夾子依個人喜好固定在適當的位置，或是與喜歡的卡片等一起夾住固定。

1.
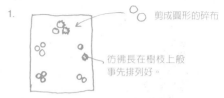
剪成圓形的碎布

彷彿長在樹枝上般事先排列好。

2.
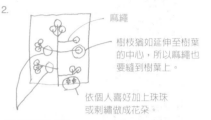
麻繩

樹枝猶如延伸至樹葉的中心，所以麻繩也要縫到樹葉上。

依個人喜好加上珠珠或刺繡做成花朵。

為了讓小鳥夾子固定，部分麻繩不必縫死。

3. 袋子的表布
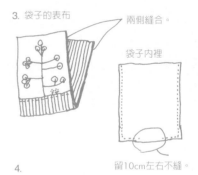
兩側縫合。

袋子內裡

留10cm左右不縫。

4.

提帶

表布的正面與裡布的正面朝內對齊交疊，縫合袋口。

從這裡翻回正面。

翻回。

縫線

5. 夾上夾子

fnish！

洋娃娃溫壺套的紙型

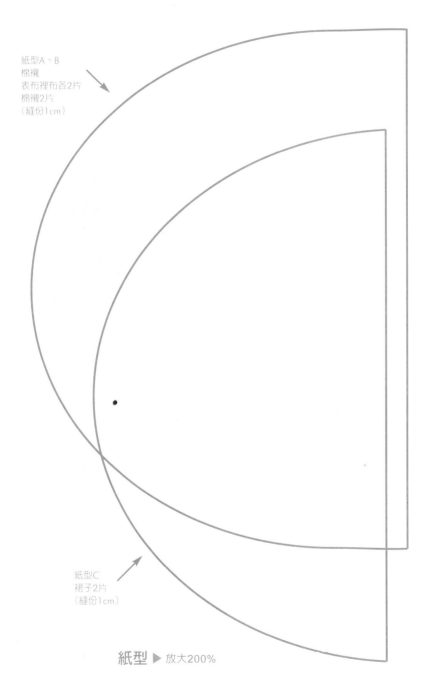

紙型A、B
棉襯
表布裡布各2片
棉襯2片
（縫份1cm）

紙型C
裙子2片
（縫份1cm）

紙型 ▶ 放大200%

動物造型的便條夾與置物架

Petits amimaux disposes une table

牢牢地抓住卡片了！

背著小東西而高興的模樣。

在家也能買到動物
造型的便條夾
購買方法在164頁

073

即使是剪下來的插畫，
也很漂亮。

一臉驕傲模樣的小豬。

烤黏土做成的小動物

輕鬆又簡單的製作方式

由仙台「yawn of god＋」示範指導
▶ P.164 商店名單

小豬加小象，都是有著逗趣可愛表情的動物們。雖然每隻都
看起來有些呆呆的，不過牠們可辛勤地工作著呢，幫忙捎著
書桌上的小東西或卡片等，是書桌上不可或缺的一員。

動物造型便條夾的製作方法

● Material

陶土　約35g
鐵絲　粗1.6cm、長約25cm（最好是不會生鏽的不鏽鋼材質）

＜道具＞
鉗子
牙籤
可以調節溫度的烤箱

準備：預備黏土塑型需要的水。

● Step

1. 製作便條夾的部分。
   約25cm的鐵絲從中間彎曲，做出直徑3cm、2圈重疊的圓，剩餘的部分扭轉3圈半。尾端為了插進黏土固定則折疊扭曲（做成插進頭的部分）。

2. 黏土分塊。
   準備35g的陶土。分別區分出下巴部分、耳朵部分、尾巴、填洞部分。

3. 製作身體①。
   身體用的黏土搓成長圓形（以少量水弄濕後較易整形）。
   鼻子（頭）或腳的部分慢慢壓捏成型。

4. 製作身體②。
   製作製做尾巴、耳朵、下巴等部分。
   各部分的接著必須以水沾溼在固定黏合（若任其乾燥，燒烤後則容易斷裂）。

5. 製作臉部。
   以牙籤畫出眼睛、鼻子、耳朵的線條。

6. 插上便條夾。
   以水弄濕步驟1做好的便條夾的插座部分，用力插進身體。
   再用填洞用的黏土填平洞口以固定。

7. 整形，經過24小時以上的乾燥。若沒有乾燥完全，燒烤時容易造成斷裂。乾燥後，顏色會變淡。

8. 乾燥完全後，放進可以調節溫度的烤箱（預熱至160℃），燒烤20～30分鐘。恢復到乾燥前的顏色後即完成。

1. 為了能夾住紙張，先圈出2圈。

直徑3cm

扭轉

扭轉3圈半

尾端圈成圓形（當作插座）。

兩個圈圈緊密的話，紙條也容易夾緊了。

2.

身體

填洞用　下巴用　尾巴用　耳朵用

填洞用的黏土，而後接合便條夾時可以使用。

3.

慢慢壓捏

從鼻子（臉部）開始塑型，才會做得比較漂亮。

4.

接著部分要沾水，仔細接合。

下巴的嘴巴部分呈現半開的狀態。

5～6.

以牙籤畫出臉的輪廓。眼睛與鼻子都要挖出凹洞。

取填洞用的黏土，固定並填平隱藏插座。

動物造型便條夾
的製作方法

● Material

陶土　約35g
鐵絲　粗1.6cm、長約25cm（最好是不會生鏽的不鏽鋼材質）
木製夾子

<道具>
鉗子
牙籤
可以調節溫度的烤箱

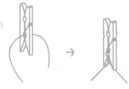

1.

鐵絲穿過彈簧的部分　扭轉纏緊

● Step

1. 製作便條夾的部分。
   鐵絲（10cm）穿過木製夾子的彈簧處，
   其餘的鐵絲扭轉纏繞（直到尾端）。
2. 黏土分塊。
   準備35g的陶土，分別做分出下巴部
   分、耳朵部分、尾巴、填洞部分。
3. 製作身體 1。
   身體用的黏土搓成長圓形（以少量水弄
   濕後較易整形）。
   鼻子（頭）或腳的部分慢慢壓捏成型。
4. 製作身體 2。
   製做尾巴、耳朵、下巴部分。
   各部分的接著必須以水沾濕在固定黏合
   （若任其乾燥，燒烤後則容易斷裂）。
5. 製作臉部。
   以牙籤畫出眼睛、鼻子、耳朵的線條。
   尾巴附近挖洞備用，以待之後裝上便條
   夾（為了方便鐵絲能穿進去）。
6. 整形，經過24小時以上的乾燥。
   若沒有乾燥完全，燒烤時容易造成斷
   裂。乾燥後，顏色會變淡。
7. 乾燥完全後，放進可以調節溫度的烤箱
   （預熱至160℃），燒烤20～30分鐘。恢
   復到乾燥前的顏色後，身體即完成。
8. 便條夾黏上黏膠插進燒烤過身體的洞裡
   後完成。

5.　尾巴部分留洞備
　　用。燒烤後將便
　　條夾黏在洞裡。

動物造型置物架
的製作方法

● Material

陶土　約35g
鐵絲　粗1.6cm、長約25cm（最好是不會生鏽的不鏽鋼材質）
木製夾子

<道具>
鉗子
牙籤
可以調節溫度的烤箱

1.　　想像陶器的造型，繞成3圈螺旋狀

一端捲成圓狀
（當作插針用）

● Step

1. 製作置物架部分。20cm的鐵絲旋轉3
   圈、圈成螺狀。為了避免插入黏土時
   脫落，尾端扭轉彎曲（做成插進頭的
   部分）。
2. 黏土分塊。準備35g的陶土，分別做
   出下巴部分、耳朵部分、尾巴、填洞
   部分。
3. 製作身體 1。
   身體用的黏土搓成長圓形（以少量水
   弄濕後較易整形）。
   鼻子（頭）或腳的部分慢慢壓捏成
   型。
4. 製作身體 2。
   製做尾巴、耳朵、下巴部分。
   各部分的接著必須以水沾濕在固定黏
   合（若任其乾燥，燒烤後則容易斷
   裂）。
5. 製作臉部。
   以牙籤畫出眼睛、鼻子、耳朵的線
   條。
6. 接合置物架的部分。
   以水弄濕步驟1做好的便條夾的插座
   部分，用力插進身體。
   再用填洞用的黏土填平洞口以固定。
7. 整形，經過24小時以上的乾燥。
   若沒有乾燥完全，燒烤時容易造成斷
   裂。乾燥後，顏色會變淡。
8. 乾燥完全後，放進可以調節溫度的烤
   箱（預熱至160℃），燒烤20～30分
   鐘。恢復到乾燥前的顏色後即完成。

6.　取填洞用的黏土，
　　固定並填平，隱藏
　　插座。

烤箱略微加溫後，放置在室溫待涼，然後享用那種剛出爐的口感。

就連植物也要
打扮的漂漂亮亮
的盆栽套
Petit jardin d'interieur

盆栽套的製作
方法在78頁

→ P.78

在家也能買到就連植物
也要打扮漂亮的盆栽套
購買方法在164頁

下午茶時間也要綠葉來點綴

示範指導的是函館「SCORE」
▶ P.164 商店名單
的ishizakyukiko

一天之中最愉快的時間,就是下午茶時間了。這樣的時刻,當然
也少不了綠意,能讓眼睛得到舒緩。植物放在花盆或杯子裡固然
也很合適,但若能在套上盆栽套,就能提著到處走了。即使掛在
房間裡,也能增添可愛的氣氛。

盆栽套的製作方法

● Material

麻30%棉70%的布
棉線
布用印台

● Step

1. 剪裁。
2. 縫合A的側邊。
3. 將步驟2的縫線置於中心位置後，
   縫合底部。
4. 兩端摺成三角形、車縫後，其餘的
   布剪掉。
5. 往外側摺1cm。
6. 再摺3cm。
7. 翻回正面後，再往外折1.5cm。
8. 如圖摺疊後，縫合兩端。
9. 提帶的前端塞進摺返處後，再縫合
   即完成。

1.
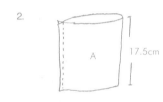

30cm	
A	17.5cm

30cm	
B	3.6cm

2.
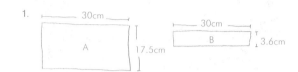

A　17.5cm

縫合A的側邊。

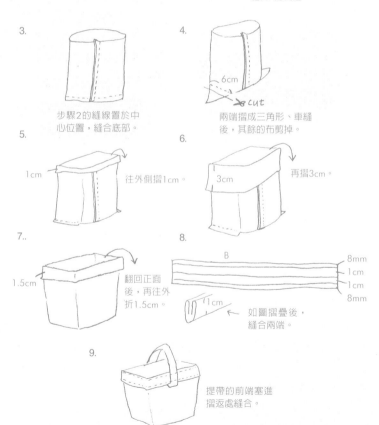

3.

步驟2的縫線置於中
心位置，縫合底部。

4.

6cm
cut

兩端摺成三角形、車縫
後，其餘的布剪掉。

5.

1cm

往外側摺1cm。

6.

3cm

再摺3cm。

7..

1.5cm

翻回正面
後，再往外
折1.5cm。

8.

B

8mm
1cm
1cm
8mm

1cm

如圖摺疊後，
縫合兩端。

9.

提帶的前端塞進
摺返處縫合。

小鳥與氣球吊飾的紙型

紙型 ▶ 原尺寸

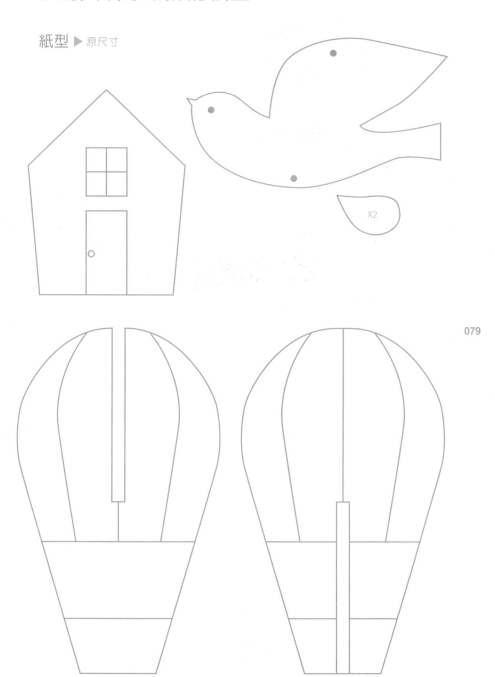

以燦爛笑容、與可愛
的鈕扣迎接我們的
tomoon

尋找雜貨之旅，就從悠閒
的奈良作為起點。

為了尋找能優雅度過假日時光的咖啡
館、還有那些療癒身心的地方，我們
啟程尋找。
當然，旅程中也希望能找到可愛的雜
貨或美味的料理，以及美好的種種。

造訪時正處於綠
意盎然的時期，
屋簷下翠綠的新
葉，令人舒服得
伸直了腰背。

這樣貪心的旅行的起點，則是至今仍
餘留著歷史古蹟的奈良。
從奈良公園出發，所到之處都是保留
著江戶時代街景風貌的美麗市鎮奈良
町，在這裡每日可以親眼見識到翠綠
的若草山之變化，生活在如此街景上
的人們也如同自然的翠綠般，展現出
溫柔的笑容，迎接遠來的遊客。
在這裡，無論是手工雜貨、料理、商
店或咖啡館等，都能讓身心徹底感受
到愉悅與舒服，並隨著美好的街景度
過悠閒時光。如此令人印象深刻的城
市，即使是過路的旅人也能隨心所欲
的置身其中吧。

約半天的時間，
就能步行整個奈
良町，是最適合
悠閒散步閒逛的
街道。

在地生活的人們、觀光旅行的人們，
都交錯在這條街道上。

尋找動手做的幸福

出發尋找手創商店吧

京都·大阪·岐阜·三重·名古屋

Defférents magasins dans dhaque ville

旅行是為了尋找愉快生活的祕訣，在此就介紹旅行中尋找到的可愛小店。

從奈良町出發後，究竟會發現什麼樣的商店呢？

首先造訪的，是手製鈕扣的手工藝家tomoon的住家兼店鋪。好多小巧又可愛的鈕扣喔，色彩鮮豔像是糖果般，怎麼看都好像很好吃的樣子。作法是使用數種黏土搓成條狀後再切塊，果然與傳統糖果的製作方法相同啊。Tomoon與鄰居相處時發生的趣事，也是我們交談時的話題，沒想到不知不覺中自己竟迷倒在奈良町的魅力中了。

接下造訪的，是7間工房與商店相連的「奈良町工房」。原本是女子宿舍的建築物，裡面的布局依舊如昔，如則變身成了奈良手創作家們的店鋪。由「奈良町文庫」的宇多滋樹號召，於是聚集了眾多喜歡手工藝的手創作家們共同經營。每一間店鋪都有各自的風格，卻有洋溢著不可思議的統一感，或許這就是奈良緩慢的時間所塑造而成的。

1. 各式各樣的鈕扣，好想找到自己專用的鈕扣。 2. 製作鈕扣的過程。花樣千變萬化，不切開看，甚至無法知道最終的模樣，這就是製作鈕扣有趣的地方。 3. 散步時，遇見了這隻喜歡黏人的狗狗。 4. 普通民家的屋簷下也都開滿了花朵。大家對街景懷有崇高的使命感。 5. 奔馳在奈良的巴士，當然也秀上了鹿。 6. 奈良町文庫的宇多滋樹，是位幽默且親切的先生。7. 奈良工房入口的櫥窗，擺著各店的位置與其作品。

被陽光裡的笑容所吸引，
來到了奈良町的奈良工房。

083

走進位於裡側的建築物後，進入眼簾的即是極具個性的空間。

為了尋找到舒適且令人心怡的小鋪，而漫步在奈良町。

工房內，1樓有3間、2樓則有4間店鋪駐入其中。首先靠近入口的，就是打造這座工房的發起人宇多的「奈良町文庫」，裡面都是與藝術有關的舊書，並可以從中了解到奈良的發展歷史。而後是桑江親子的「桑江工作室」，身為型繪染創作家的兩人，作品充滿了創意與時尚和風感，有許多服飾、門簾、袋子等商品。最後是1樓最裡側的「空步」，原本從事琉璃創作的高田真佐子所製作的玻璃珠，真是美麗極了。

爬上2樓後傳來了某種香味，原來是製作手工蛋糕的後藤「nokonoko」散發出來的味道，自然風味的甜點是該店的招牌。而環繞著樓梯的「nazuna」，5位從幼稚園時代就結識的朋友展示了布製雜貨與花環等作品，其中的3位會輪流前來看店。隔壁專賣亞洲雜貨的「mimpi」，當天看店的山本笑容燦爛，令人印象深刻。最後是奧野左知子的「glass studio be」，店裡盡是細膩卻有實用的玻璃作品。

1. 果然是奈良，印入眼簾的是各式各樣有關鹿的作品，都非常可愛，令人愛不釋手。
2. 「nokonoko」有好多與菇類有關的東西。 3. 原本是女生宿舍的建築物，NAZUNA就環繞著樓梯，形成了有趣的L字型。利用牆壁與窗戶的裝潢擺飾，足以作為參考。
4. 奧野的玻璃作品，從未見過如此有趣的造型！ 5. 桑江的作品，俄羅斯娃娃的染布，實在是太可愛了。 6. 「mimpi」盡是亞洲氣息的雜貨。 7. 「空步」的高田，正在主持製作玻璃珠的課程。在這裡可以動手做出自己獨一無二的玻璃珠。

像似蟲鳴般，
縈繞著城鎮周圍的森林。

承襲傳統又兼具新意，就是如此美好又融合的市鎮。

最喜歡的顏色與造型，
就成了店裡的顏色與造型。

kanakana的井岡的書架上，有著可愛又令人懷念的舊繪本。

在能享受緩慢且悠閒時光的咖啡館裡，舒解身心！

走累了就休息一下吧，這時候不妨到能舒適度過休憩時間的「kanakana」咖啡館。植島與井岡大約在4年前開了這家咖啡館，當初並未執意要開在奈良町，只是在尋找適合地點時，剛好看到了現在的店鋪。如今，這家咖啡館已經成為奈良町不可或缺的地標。在與兩人的閒談中，他們都表示「希望更多人能到奈良來看看」，看來這樣的期待似乎慢慢實現中。兩人喜歡的這個空間，實在可愛得不得了。更令人驚訝的是，入夜之後，偶爾鹿還會跑到店裡來，或許這裡不僅是適合人久待的場所，而且也是動物喜歡的場所。

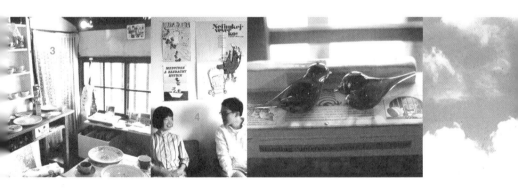

1. 「kanakana」店內的模樣。走上榻榻米後，就能放鬆心情了。打掃得乾乾淨淨的店內，讓人感到神清氣爽且舒服。 2. 喜歡音樂的植島與喜歡旅行的井岡，兩人所打造的「kanakana」裡，有著悅耳的音樂與可愛的雜貨。 3. 爬上了「kanakana」裡側的樓梯，就是雜貨店「roro」，裡面都是旅行時蒐購的歐洲古董雜貨。 4. 兩人居住的地方，距離「kanakana」稍近，但距離奈良町稍遠。我們厚顏地前去造訪，家裡的氣氛與店裡大不相同，但依舊是神清氣爽且舒適的感覺。

僅是個簡單的架子，卻是
如此的美麗亮眼。

造訪了位於三重縣龜山市郊區的
這家住家兼店鋪。

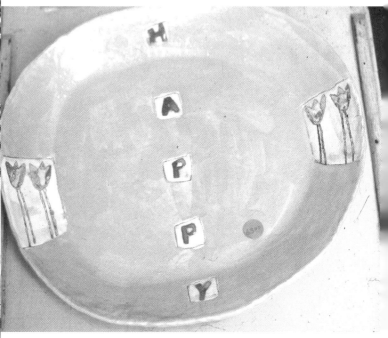

販售以陶器為主的雜貨或古董，
舉辦的活動也相當特別有趣。

最近經常聽聞「住家兼店鋪」的形式，也可能兼作咖啡館或雜
貨屋等等，所以非常期待能去見識看看。正好聽說在三重有個
名叫「遊牧舍」的店鋪，立刻前往瞧瞧，於是在郊區看到了位
於悠閒住宅區裡的「遊牧舍」。老闆井口miyo與狗狗robin歡迎我
們的來到，是個兼具生活情趣的藝廊。

迷路在住宅區裡、尋找店鋪的經驗，也是一種美好的回憶。

le petit marchè

mon-sat 13:00～20:00
sun-holiday 11:00～19:00
close / tue

名古屋le petit marchè的老闆相當具有巧思，從店裡可以學到美好的風格。

打開門吧，歡迎光臨！

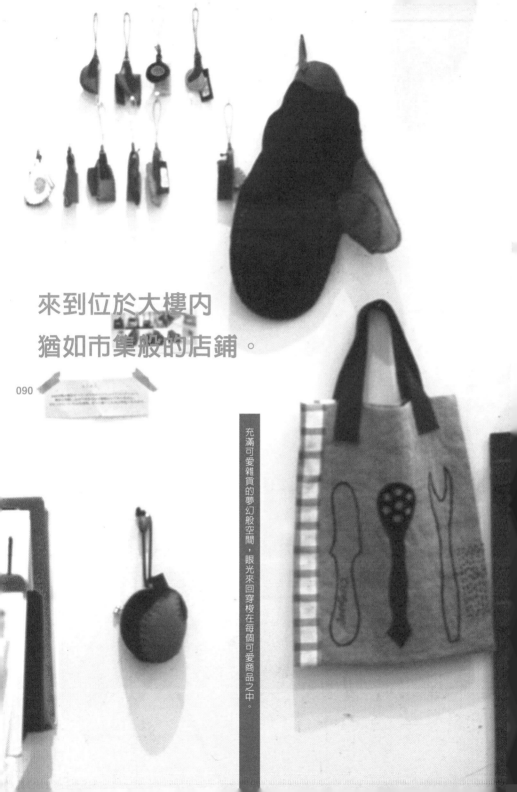

來到位於大樓內
猶如市集般的店鋪。

充滿可愛雜貨的夢幻般空間，眼光來回穿梭在每個可愛商品之中。

來到示範指導手創巧思的店鋪。

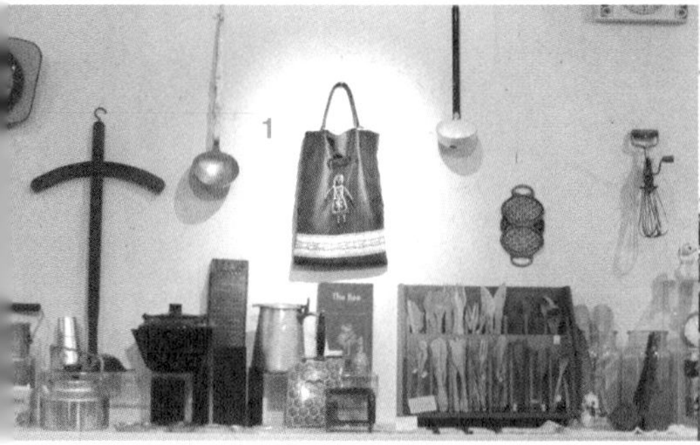

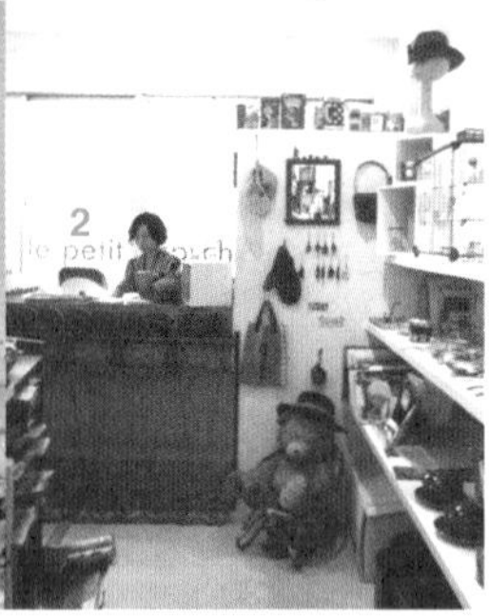

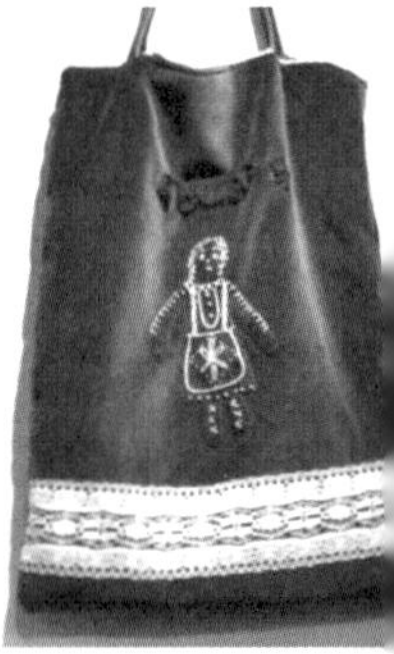

著有小冊子「生活在名古屋」的瀧村美保子與松尾美雪的作品，陳列於「le petit marchè」，店鋪隱身在名古屋繁華大街上的大樓4樓。穿過狹窄的樓梯、爬上4個樓層後，終於發現了可愛的紅色入口，忽然有種如獲至寶的感覺。進入店內，彷彿置身在法國的市集，渾然忘我地沉醉在雜貨裡，以為身處在自己獨自的世界。或許這就是雜貨的有趣之處。

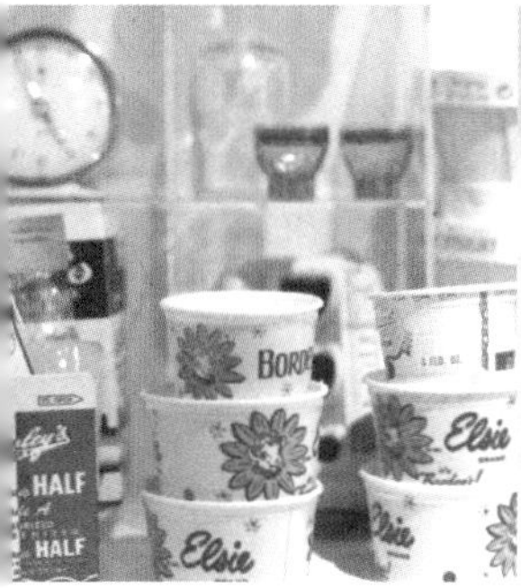

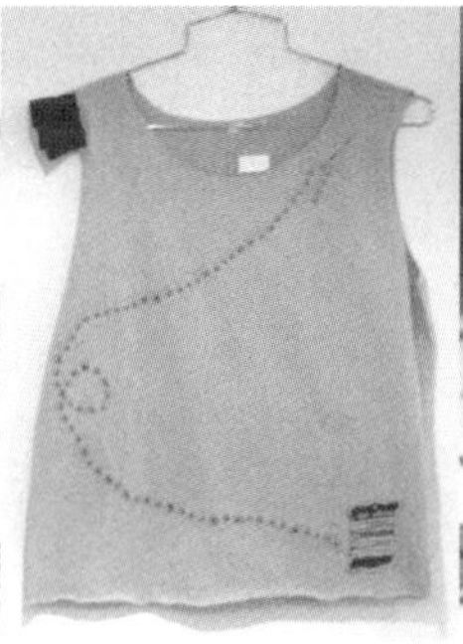

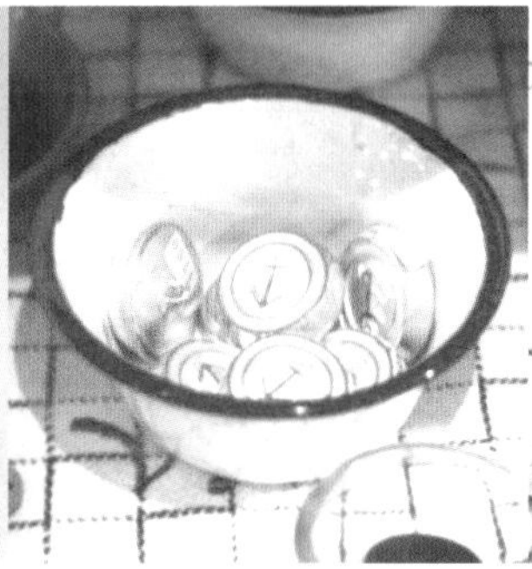

3

1. 店內主要採購自東歐、北歐、歐洲雜貨，以及法國的古著。還有插畫家松尾美雪與店長瀧村美保子所精選的「les deux」作品，有袋子、T-Shirt、食器等各式各樣的東西，得花些時間慢慢看喔。 2. 平常瀧村都會到店裡來。 3. 店內的陳列頗具巧思，讓各式各樣的雜貨都能漂亮的展現，果然是了不得！ 4. 旅行途中發現的水道蓋，有著名古屋特有的「水蝸」。

來到備受曬目的市鎮「本山」。

2

聽說位於遠離名古屋塵囂的本山，最近聚集了許多有趣的店鋪，於是特地前往看看。首先造訪「le petit marché」的老闆之一瀧村說道，新店「mingming」收集來自世界各地的民藝品與古董家具，非常適合搭配改裝後的老房子。而後又去到了住宅區的「itohen」，有趣的招牌與紅色的屋頂非常引人注目。

4

明亮且潔淨的店內有著作家們頗具巧思的作品，就位於「itohen」隔壁的「makashila haroguna」裡，特別的店名讓人忍不住反問確認。雖然地點有些難找，但已經是8年之久的老店了，也就是說，該店是隨著此地區一同發展的。入店後，果然了解其屹立不搖的理由，各式各樣的作品或道具等有著不可思議的統一感，相當有趣。

6

1.「mingming」以歐洲、南美、非洲、亞洲及日本的民藝品為主。日本的「陀螺」很適合店內的氣氛。 2. 位在斜坡上的「mingming」，很有可能在拼命爬坡的同時而錯過。 3. 在店門口合照的瀧村與夥伴古谷。 4. 乍見之下，以為是普通住家的「itohen」。 5. 在「itohen」找到的，只有頭部的娃娃，標題是「swing swing」，是福田十系子的作品，由紙做成的。 6.「makashila haroguna」整齊的店內，有著許多懷舊且不可思議的商品。

任何城鎮皆擁有的住宅區裡的
任何街道皆看不到的商店區。

迷路漫步在本山住宅區裡，漸漸被這裡的特色所吸引。

「本山」之旅的終點是「HULOT」，有名的夏子老闆娘指揮住在歐洲各國的
特派員，選購、並寄送來了這些足以刺激購買、收藏欲望的商品。「我們
店裡又以男性顧客居多」，相當同意老闆娘的說法，因為這是家不論男女都
能樂在其中的雜貨店。最後去到了岐阜的花店「karakaran*」，是非常時髦
且舒服的店鋪，將來肯定也會成為深受當地人喜愛的老鋪。

1. 在「makashila haroguna」發現的漂亮袋子！是住在名古屋的brain child的作品「貝殼鈕扣
袋」。 2. 在「makashila haroguna」的和室房間裡有許多手製的雜貨，都是獨一無二的作品，
相當有趣。 3.「HULOT」的外觀，黃色醒目的招牌。 4. 環繞著眾多雜貨的空間，老闆娘夏子
對各個雜貨如數家珍，一定要聽老闆娘細細說明喔。 5. 以法國為主要採購對象的海報或廚房雜
貨等，一定會找到自己所喜歡的。

旅行終點，尋找到了

手工創作的幸福。

連繫人與人的舒適空間，這些都是讓人還想再度造訪的店鋪。

擁有眾多手製雜貨
的大街小巷店鋪
與那些雜貨的製作方法

Les magasins qui vendent très jolis articles

然後是讀者提供的創意巧思

位於普通大樓裡的「金絲雀」，
鼓起勇氣打開店後，映入眼
簾的是可愛的雜貨。

穿著漂亮洋裝的
酒瓶壺套娃娃
Le magasin préfére des oiseaux

OPEN

入りにくいですが～
勇気を出して
トビラを開けてくださいね

open 11:30am～8:00pm
close 日祝日

カナリヤ

常常有80位作家的作品進駐的
店內，擠滿了美麗的雜貨。

平淡無奇的茶壺
搭配上可愛的洋娃娃

示範指導的是大阪「金絲雀」的足立美和

▶ P.171 商店名單

非常時髦的三姐妹，其實是洋娃娃的酒瓶套。就像
酒瓶的衣服般，只要輕輕一套，就能讓本來平凡無
奇的酒瓶變身！依照酒瓶的形狀
製作出裙子，然後再縫上頭手、
穿上喜歡的洋裝。

酒瓶套娃娃的製作
方法在158頁

→ P.158

099

「金絲雀」裡有許多
誘發少女情懷的雜貨。

位於普通大樓裡的大阪古董店「金絲雀」,其實許多來訪的客人都容易迷路,不過從淀屋橋越過水晶橋,以散步的心情前往該店,倒也是不錯的休閒活動。如果想趁機快步健走,也無妨。爬上樓梯打開店門後,就是雜貨的天國了。「金絲雀」裡的手製雜貨,似乎都有著一段故事。那是因為許多商品都是惜物愛物的人們的作品吧,或是寄予這樣概念的手製作品,每個都埋藏著屬於自己的故事,猶如走進了童話世界般的雜貨屋。「金絲雀」的tonoike或足立,都是親切有趣的人,與顧客或作家零距離的感覺,才能吸引了眾多的人氣吧。

「金絲雀」的tonoikemiki與足立美和，
忍不住逗留就是為了與他們聊天。

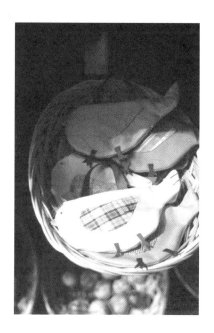

店名叫「金絲雀」，所以也有許多以小鳥
為造型的雜貨，每個都好可愛。

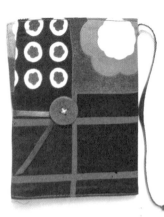

書套與面紙套
的製作方法在
159頁

→
P.159

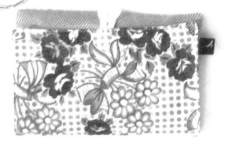

顏色與圖案
搭配的很有趣的
書套與面紙套

Le magasin dans le
immeuble ancien

感情融洽的中西美智與香繪是老闆娘，所到之處
都是布製小東西與首飾。

「foo」提供布料
與形狀，讓顧客
可以訂做袋子。
可以做出自己專
屬的袋子實在太
棒了！

造訪位於大阪古意風韻的農林會館大樓

示範指導的是大阪「foo」
的中西

▶ P.171 商店名單

在大阪的農林會館裡，有好幾家店鋪進
駐。其中這回造訪的是雜貨店「foo」
與插畫家寺田順三的工作室&店鋪，位
於同一樓層的兩家店彼此相鄰，感覺好
像好朋友似的，是一定要來看看的店。

103

待在店鋪裡的寺田順三。如此親切的寺田，才能畫
出那麼有趣的插畫。

位於岐阜的花店「karakaran*」，就在擁有四十年歷史的舊郵局建築物裡，二樓的窗櫺依舊維持當日的模樣。店內有燦爛美麗的花朵，以及可愛的雜貨。無論是陳列裝潢，或是裝飾花朵的巧思，都值得參考試試。

KaraKaran*
flower+zakka

以便當盒盛裝
擺飾季節的花朵

Un magasin
dans l'ancien bureau de poste

在漂亮的花店教室裡

示範指導的是岐阜「karakaran＊」的小木曾

▶ P.169 商店名單

花朵可以插在花瓶、或是放進瓶子，或是放在各種容器裡，方法各式各樣，相當有趣。為了讓房間更加舒適，不妨裝飾上花朵。這次示範的方法相當特別，相信任何人都能輕鬆簡單學會裝飾自己的房間。

便當盒插花
的製作方法
在160頁

→ P.160

平常隨手就丟棄的蛋殼，從此就可以變成這樣有趣的雜貨。只要多些巧思，就能發現身邊小物的用處。

店內處處都可見到老闆井口的巧思。

多肉植物可以放進蛋殼裡

Galerie de gadgets

融入悠閒風景裡的綠色作品

三重生活藝廊「**遊牧舍**」的「散步」示範指導

▶ P.169 商店名單

思索、縫紉、描繪、種植……此作品由山中、山崎、阿倍、松山四人所合力完成。位於三重縣的「遊牧舍」，就在環抱著自然的住宅區裡。在閃耀著溫暖陽光的窗邊，看見這件雜貨時，不禁流露出滿足的笑容，多麼幸福的片刻啊。

蛋殼花盆的製作方法在160頁

P.160

妝點著每日生活的植物，加上手工製作的觸感，讓每天更加溫馨且新鮮。

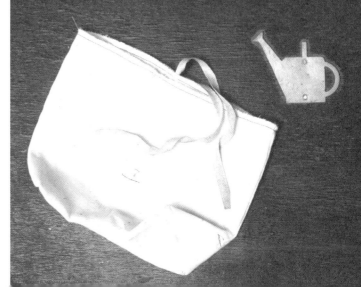

CD收納袋的製作
方法在161頁

→
P.161

掛在牆上，還能當作擺飾。

毛氈與棉布組合的
膨鬆柔軟CD收納袋

Galerie arc-en-ciel

店內有插畫或藝術作品，也有雜貨，種類應有盡有，相當熱鬧。

把喜歡的CD放進牆壁的口袋裡

東京「虹畫廊」示範指導

▶ P.166 商店名單

聚集著喜歡雜貨與時尚人們的吉祥寺，「虹畫廊」就位於此。在兼具畫廊的空間裡，正在舉辦足以刺激動手做做看的展覽，因而發現到岩野繪美子的作品CD收納袋。溫柔的風格，很適合裝點房間的氣氛。

籠罩著簡單明亮燈火的房間，感覺沉穩且寧靜。

營造出溫暖
燈火的燈罩
Magasin en forme de bôite.

營造出溫暖燈火
的燈罩的製作方
法在162頁

→
P.162

手製的書架上擺著可愛的小冊子與書本。

111

造訪深受當地人
喜愛的店鋪haco

由手創範本的葉山「haco」
的柑示範指導

P.175 商店名單

「haco」的所在地葉山，當地聚集了許
多喜愛手創的人們，無論是店鋪或整
個地區都傳遞出了對手製品的熱愛。
處在這樣環境裡的「haco」，處處都見
柑的手製創意，洋溢著各式各樣的風
情與個性。作品與整個空間協調且不
衝突，表現出手製的溫馨感，以及別
具特色的風格。

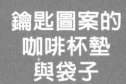

鑰匙圖案的
咖啡杯墊
與袋子

Magasin petit marchè

忍不住駐足欣賞
的布製雜貨

名古屋「le petit marchè」
▶ P.168 商店名單
所示範指導

瀧村美保子與松尾美雪的雜貨
作品「les deux」所提供的布製
雜貨，不僅採用天然素材、再
加上新穎的設計，讓人流連忘
返難以忘懷。

112

適合平常使用的尺寸。

KLÉS

113

購買方法在168頁

鑰匙圖案袋子的製作方法

● Material

（表）麻布　35×27cm　2片
（裡）條紋布　35×27cm　2片
皮繩　32cm2條　皮革4片
鑰匙圖案用的布（藍色）
綠色與白色的布

● Step

1. 剪出鑰匙圖案的布放在麻布上，一邊
   排列一邊縫合，也可以刺繡上文字。
2. 以粗線疏縫白色的布與綠色的布。
   也以粗線在鑰匙圖案上做裝飾。
3. 表布正面朝內對齊，然後以車縫縫
   合。
4. 縫合裡布的兩側。
5. 翻回正面、上面再蓋上裡布，縫合袋
   口。
6. 翻至裡布，底部對摺、縫合。
7. 皮繩襯著皮革，在裡布側一起縫合。

1.
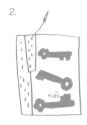

2.
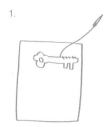

3.

4.

5.
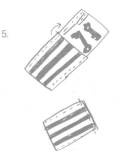

6.

7.

114

🔑 112頁的作品

咖啡杯墊的製作方法

● Material

布　20×32cm
鑰匙圖案用的布
綠色的布
皮革

● Step

1. 表布上縫上鑰匙圖案與綠色的布。
2. 表布與裡布車縫後翻回正面，手縫固
   定袋口。
3. 縫上皮革。

1.

2.

3.

胸針紙型　　　紙型 ▶ 放大200%

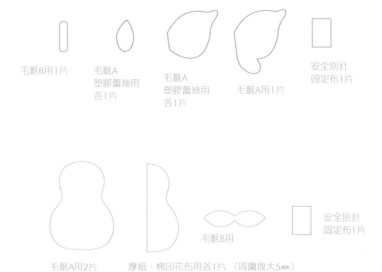

毛氈B用1片　　毛氈A　　　　毛氈A　　　　　　　　　　安全別針
　　　　　　　塑膠蕾絲用　　塑膠蕾絲用　　毛氈A用1片　固定布1片
　　　　　　　各1片　　　　各1片

毛氈A用2片　　　厚紙、棉印花布用各1片　（周圍放大5mm）　　毛氈B用　　安全別針
　　　　　　　　　　　　　　　　　　　　　　　　　　　　　　　　　　固定布1片

毛氈B用1片

毛氈B用1片　　　　毛氈A用1片　　　　　毛氈A用1片　　安全別針
　　　　　　　　　　　　　　　　　　　　　　　　　　固定布1片

毛氈A用2片　　　　　　　　　　　　　　安全別針
　　　　　　　　　　　　　　　　　　　固定布1片

嗯，今天的點心是什麼呢？

下午茶時間不可
或缺的可愛雜貨
道具。

在家也能買到附有小口袋的杯墊兼隔熱套。

Ce magasin propose un grand choix d'articles.Nombreuses decoureres!!!

附有小口袋的杯墊兼隔熱套

單品多種用途方便實用的雜貨

岡山「color drop」示範指導

▶ P.173 商店名單

由mimi富士藥*廣美製作的這個雜貨作品，不僅顏色與圖案的搭配相當可愛，就連使用的用途也千種百種。當然，只要置於桌上就可以當作裝飾，也可以是杯墊、或是端熱鍋時的隔熱套，總之是廚房裡不可或缺的道具。

117

購買方法在173頁

附有小口袋的杯墊兼隔熱套的製作方法

● Material

布
緞帶　80cm…a
花邊貼布　　15cm…b
毛絨貼布　15cm…c

● Step

1. 依照A～E的紙型裁剪布（預
   留1cm的縫份）。
2. 製做口袋。
   D與E正面朝內縫合
3. 將步驟2做好的口袋與C縫
   合。
4. 步驟3的布與B之間夾著自己
   喜歡的緞帶等，正面朝內，
   縫合。
5. 將A與自己喜歡的緞帶縫合。
6. 步驟5與步驟4之間夾入緞
   帶，正面朝內、棉襯放在最
   底層，一起縫合。
7. 翻回正面熨燙，手縫固定就
   完成。

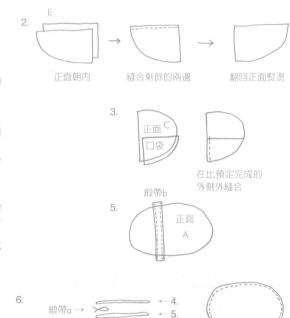

2.

正面朝內　　縫合剩餘的兩邊　　翻回正面熨燙

3.

正面 C
口袋

在比預定完成的
外側外縫合

緞帶b

5.

正面
A

6.

緞帶a →
（懸掛用）

← 4.
← 5.
← 棉襯

側面圖

預留下返口其餘縫合

118

紙型 ▶ 放大200%

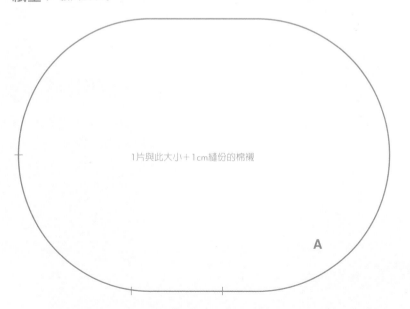

1片與此大小＋1cm縫份的棉襯

A

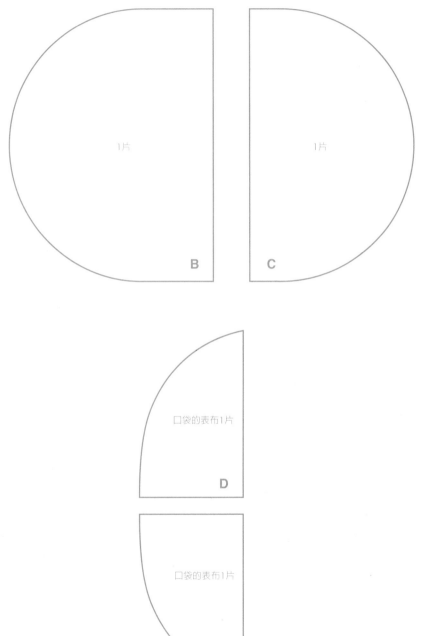

1片

1片

B

C

口袋的表布1片

D

口袋的表布1片

E

店鋪的1樓以海外的舊繪本為主，除此之外還有紙製的雜貨或小件古董，2樓的咖啡館可以閱讀繪本。

觸摸後會大吃一驚的
「創意卡片」

Le magasin de livers d'images et d'articles de papier

騎著白馬的王子。試著扯動王子的
旗子後，哇啊，竟變成這樣了！

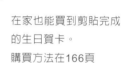

剪貼完成的
生日賀卡

東京書店咖啡館
「AMULET」展出作家鈴

▶ P.166 商店名單

木珠基的作品

　想要傳達恭賀之意時，不妨寄上
這樣富有巧思的賀卡吧？鈴木珠
基以剪貼方式完成了這樣的創意
卡片。咦？可以拉開看看喔！收
到卡片的那個幸運兒，應該也會
忍不住竊笑吧。

在家也能買到剪貼完成
的生日賀卡。
購買方法在166頁

阿姨正高興地縫著什麼東西呢？
究竟是什麼呢？

生日賀卡
「白馬王子」的製作方法

● Material

色紙〔金色〕
當作底紙的厚紙板（建議使用mermaid）
小型印刷機、顏料、色筆、黏膠

● Step

1. 製作卡片上的裝飾配件。先以鉛筆在小印刷機的用紙上畫上白馬與王子。王子的細部之後可以手繪，所以臉與手塗黑後僅描出輪廓。
2. 以小印刷機製版，然後塗上顏料印刷。此時白馬印刷在當作底紙的後紙上。
3. 以顏料與色筆描繪出王子的細部。待顏料乾後，再貼上剪下的底紙。
   只有皇冠是用金色的色紙做裝飾。
4. 製作藏有機關的「旗子」。因為這個部分需要特別強調，所以2張後紙重疊，然後在「旗子」上寫上想說的話語。
5. 底紙割出細縫，插入「旗子」。
6. 避免「旗子」躲在最裡側拉不出來，所以裝上木塞。
   並貼上色紙，以免被看見。

1. 小印刷機用紙

2. 以金色色紙做出閃耀的星冠

3. HAPPY BIRTHDAY　　POINT　這裡是重點
   2層

4. 木塞　　旗子移動的地方不要沾到黏膠
   黏上黏膠的地方

生日賀卡
「縫紉阿姨」的製作方法

● Material

色紙
當作底紙的厚紙板（建議使用mermaid）
小型印刷機、顏料、色筆、黏膠

● Step

1. 製作卡片上的裝飾配件。先以鉛筆在小印刷機的用紙上畫上「阿姨的臉」、「衣服」、「桌布」、「縫紉物」。
2. 以小印刷機製版，然後塗上顏料印刷。此時必須特別製作當作機關的「縫紉物」，所以印刷在與底紙相同的厚紙上。
3. 待顏料乾後，剪下全部的裝飾配件。
4. 將裝飾配件貼在底紙上，然後在縫紉機處割出細縫，將「縫紉物」插入。
5. 避免「縫紉物」躲在最裡側拉不出來，所以裝上木塞。
   最後，為避免被看見而貼上色紙即完成。

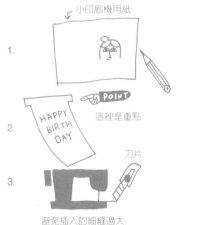

1. 小印刷機用紙

2. HAPPY BIRTH DAY　　POINT　這裡是重點

3. 刀片
   避免插入的細縫過大

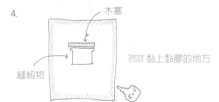

4. 木塞
   黏上黏膠的地方
   縫紉物

124頁的作品

黑板的製作方法

● Material

(270×180)
松木　SPF　等　19×12×910　1根一①
三夾板　4mm　1片一②
木工用黏膠　適量
凸頭鐵釘　15mm左右
蠟油
沒有光澤的黑色噴漆

＜必要工具＞
鋸子
電動刮刀
電動鑽洞器（深0.5mm）
＋砂紙　＃240　（打底用）＃800（耐水、完成用）
槌子、鐵鎚
毛刷、布巾
鑽子

● Step

1. ①的材料如斷面圖般鋸開。
   第一次不要深及5mm，分成三次慢慢完成。
   接下來以＃240的砂紙加工完成。

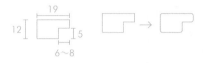

2. ①的材料如下圖鋸開。
   兩端鋸成45度角。

3. 組框

黏膠

以0.5mm的鑽孔器鑽洞（不要超過10mm的深度）。

四個角磨得略帶圓弧形。

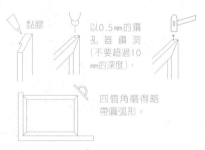

若是直角，容易被刺傷。沾到黏膠的地方則以布巾小心擦拭。

請小心使用電動的工具，配戴著首飾、披肩或荷葉邊等操作工具相當危險，請穿著適於木工的服裝。

4. 漆塗框框。
   待完全乾燥後，再以砂紙磨過，然後依塗料說明書進行塗漆。

5. 配合完成後的框框，鋸開②的三夾板。
   而後，以沒有光澤的黑色噴漆漆塗。
   不要一次噴上，要分兩、三次慢慢完成。
   乾燥後，依需要，再以＃800的耐水砂紙磨平整。

6. 黑板與框框接合。
   框框的部分塗上木工黏膠。

放上黑板，沾到黏膠的部分再以布巾擦拭乾淨。

以油漆罐或重物等壓在上面，放置一天一夜，直到黏膠凝固為止。

7. 依需要裝上吊掛物。

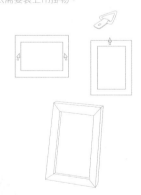

＜應用＞
同樣的製作方法，也可以放進壓克力板、或是改變材料的厚度，製作出不同的邊框。

邊框以蠟油擦拭，可以營造出古董的陳舊感。

ANTIQUES
FREDDY BROS

店內收藏著留有生活
痕跡的歐洲古董生活
用品。

黑板的製作方法
在123頁

→
P.123

黑板讓家裡
像咖啡館

**Magasin dans
un quartier résidentiel**

今天要畫些什麼呢？
每天都有新樂趣！

熊本「FREDDY BROS.」的山本示範指導

▶ P.174 商店名單

在日覆一日的生活裡，不妨使用黑板來增添生活情趣吧？可以準備
一個黑板寫下今日的菜單或留言等，感覺好像待在咖啡館的氣氛。

在家也能買到讓家裡
像咖啡館的黑板。
購買方法在174頁

↘ 133頁的作品
幸運草胸針的製作方法

● **Material**

表布10×12cm
裡布10×10cm
鈕扣
胸針

● **Step**

1. 紙型A＋縫份（0.5cm），裁剪，表布與裡布各4片。
2. 表布與裡布正面朝內縫合（預留下1cm左右的返口）。
3. 翻回正面，手縫返口。
4. 熨燙。
5. 依步驟製作4片。
6. 與表布相同的布裁剪下紙型B，略摺布邊後熨燙。
7. A的裡布與B縫合。
8. 中央位置縫上鈕扣。
9. 後面縫上胸針。

紙型 ▶ 原尺寸

A

B

2.

7.

領巾的製作方法

● **Material**

表布92×10cm
裡布92×10cm
棉襯90×8cm

● **Step**

1. 紙型A＋縫份（0.5cm），裁剪表布與裡布。
2. 依紙型大小剪下棉襯。
3. 熨燙摺起表布與裡布的縫份（避免縫份露出，縫份也要手縫起來）。

此領巾是使用滯銷的布。圍在脖子上時，可以以別針固定。

紙型 ▶

8cm

90cm

6cm

兔寶寶的紙型

※順毛方向　　※皆裁剪
※------貼邊　　※☆ ★ △ ▲對齊記號

紙型 ▶ 放大200%

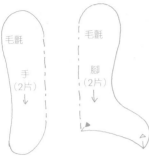

毛氈
手
(2片)
↓

毛氈
腳
(2片)
↓

毛氈
身體前
↓左右對稱
(各1片)

接合耳
朵位置
毛氈
接合手
位置
身體後
(1片)
接合腳

☆　　　☆

★　　　★

針織棉
(膚色)

耳朵、
內側
(2片)
毛氈
耳朵、外側
(2片)
↓

耳朵、內側留
3mm縫份

毛氈
腳底
(2片)

臉部刺繡

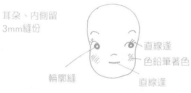

直線逢
色鉛筆著色
輪廓縫
直線逢

※ 刺繡的線都是1條
※ 除指定外其餘皆輪廓縫

※刺繡線皆是
紅色1條

平針縫
十字縫
前片 (貼邊)
後片
(含縫份)

雛菊捧花的製作方法

● Material

毛氈　厚的56×2cm
毛線　少許

1.
塗上顏料
(乾巴巴的程度)

2.
捲起後刷毛

3.
一邊刷毛一邊由下往上捲

4.
刷開花芯的毛線

扭轉
毛線

以湯匙作為包裝

Beaucoup de cuillères

包裹上錫箔紙。

使用Sweets 附贈的塑膠湯匙

是讀者也是首飾創作家的 fiore tomoco示範指導

打開禮物時興奮的感覺還記得吧,如果包裝得可愛的話,更能增加心中的期待感。這次要示範的就是可愛的包裝技巧,在湯匙裡放進可愛的首飾後再進行包裝。

塑膠湯匙包裝的製作方法

● Material
圖案紙、首飾、吊飾、塑膠套、航空信紙、緞帶、
毛線、盛珠、樹脂顏料

戒指或耳環等小型手是可以放置在湯匙的凹槽處，然後包裹上航空信紙或塑膠套，
再綁上緞帶或毛線。

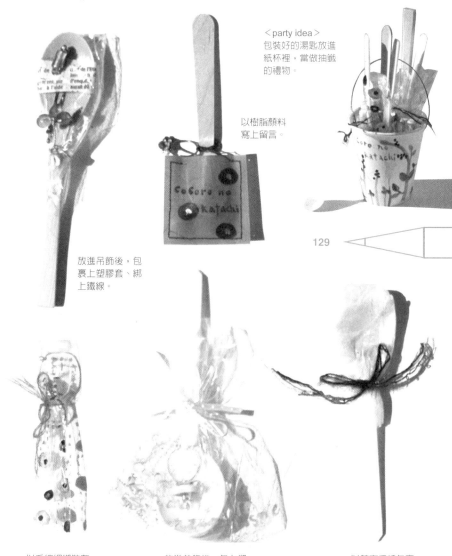

< party idea >
包裝好的湯匙放進
紙杯裡，當做抽籤
的禮物。

以樹脂顏料
寫上留言。

129

放進吊飾後，包
裹上塑膠套、綁
上鐵線。

以毛線綑綁裝有
湯匙的袋子。

放進首飾後，包上塑
膠套、綁上緞帶。

以航空信紙包裹，
綁上繩子。

黏土胸針的製作方法

● **Material**

陶土
珠珠
樹脂顏料
胸針

● **Step**

<成形>
1. 慢慢加水，讓黏土變成比耳垂稍硬的程度。然後延展成約5mm的厚度，在依照紙型剪下「貓咪」「圓形」。
   此時埋下珠珠。
   <乾燥>
2. 乾燥1天～1個禮拜，直到胸針的表面泛起白粉般。乾燥後，再以砂紙磨整。
   <燒成>
3. 烤箱（一般的烤箱也可以）的溫度，160℃～180℃燒烤10分鐘左右（依黏土的厚度斟酌時間）。
   <著色>
4. 以樹脂顏料著色。不要塗到珠珠的地方，有些地方的珠珠會有些烤焦，然後在背面黏上別針。

紙型 ▶ 原尺寸

↘ 136頁的作品

吊掛式蠟燭Drops的製作方法

● Material

市售的蠟燭
風箏線（較細的）
蠟筆
免洗筷
餐巾紙
鋁盤
餅乾用模型（圓形）
剪刀
熱水用的鍋子與融化蠟燭的鍋子（或是耐熱的罐子）

● Step

1. 剪出需要長度的風箏線。
2. 蠟燭切塊，以熱水溶化（用免洗筷夾出蠟燭的芯）。
3. 風箏線浸到溶化的蠟裡（溫度約85℃左右），以筷子取出，然後筆直的攤在餐巾紙上。
4. 切下少量的蠟筆放進蠟裡，再以筷子緩慢攪拌。
5. 餐巾紙攤在桌上，風箏線穿過圓形的餅乾模型。
6. 將少許盤裡溶化的蠟（溫度約60℃左右）倒進鋁盤裡，以筷子攪拌直到如雪般的鬆散狀。
7. 在步驟6未完全凝固前，盡快倒進步驟5的模型裡。
   風箏線必須盡量在中心位置上。
   （注意：小心不要燙到）
8. 為了成圓形狀，如圖虛線部分盛裝步驟6（若凝固了，則又再度回復步驟6，待柔軟後再盛裝）。
   以手輕柔地揉成圓形。
   反覆5～8的步驟，做出數個。
9. 從無著色的蠟（溫度約90℃）製作取出一個個圓形的蠟燭，待最後一個圓形蠟燭完成後，即大功告成。

<使用方法>
根部的芯剪掉，反方向則留下1㎝左右的芯。
耐熱的盤子（玻璃或陶器等），滴一滴燃燒的蠟在上面，固定後使用。

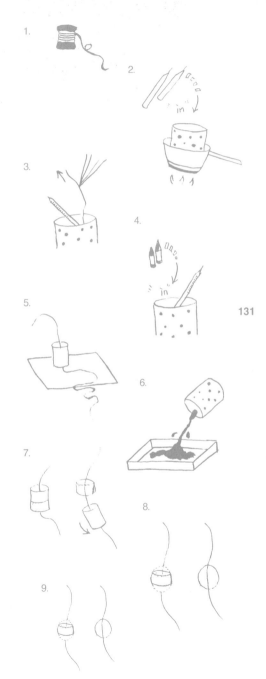

1.

2.

3.

4.

5.

6.

7.

8.

9.

131

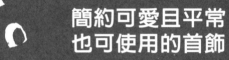

簡約可愛且平常
也可使用的首飾

Les broches des fleurs en tissu et les broches

烤黏土做成的
別針的製作方
法在130頁

→ P.130

做著的同時，還能憶起童年。

烤黏土做成的別針

讀者「風工房」示範指導

▶ P.173 商店名單

童年時代，每個人應該都玩過黏土吧？也可以試著使用烤黏
土製作首飾，烤箱烘烤過後，就能完成了。簡約的風格，有
種懷舊的氣氛。還可以自己捏成動物、圓形或各種造型，做
著做著或許就情不自禁喜歡上這種童年的遊戲。

領巾與幸運草的胸針

nana示範指導

此作品充分運用到布料，利用漂亮的花布，就能搖身變成領巾與胸針。布的選擇可依個人喜好，或是時髦、或是可愛，也或是酷酷的風格。家裡還躺著自己喜歡的花布嗎？讓它沉睡實在太可惜了，何不妨動手充分利用。

領巾與胸針的製作方法在126頁

→
P.126

手織吊飾的製作方法

● Material

喜歡的蕾絲線或細的棉線
鉤針
竹珠珠

● Step

<袋子>

第12段無加減針

第4段　無加減
第3段　21針
第2段　18針
第1段　12針
環起6針
（短針）

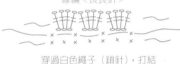

緣編<長長針>

穿過白色繩子（鎖針），打結

打結1次

以竹珠珠刺繡裝飾

<襪子>

編織腳跟（白）

第4段　17針
第3段　14針
第2段　無加減針
第1段　12針
環起6針（短針）

<褲子>

1. 鎖針起20針。
2. 長針20針。
3. 兩側各加1針合計22針。
4. 接著再各加1針合計24針。
5. 織到中間時，由於無增減針，所以再繼續
　 織到背面，然後剪掉線。接線再依此步驟
　 織另一個褲管。
6. 以短針織1圈，鎖針織出吊環。

1. 短針3針，織1針中長針，再繼續織1圈長
　 針，然後織1針中長針、3針短針，結束。
　 （短針2針、中長1針、長針1針、長長針）
2. 2針一起×2次，背面也以長長針同樣織1
　 圈。
　 長針13針1圈。
3. 無加減針。
4. 短針1圈，鎖針做出吊環。
5. 收針。
6. 縫上珠珠。

吊環

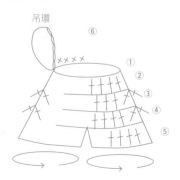

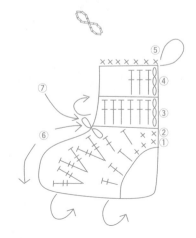

<衣服>
1. 鎖針環編起針18針。
2. 長針，環織
3. 長針，前後半9針，後面到4為止長針，如圖編織。
4. 袖子以長針織2段，再以藍色的線短針編織出邊緣。

領子以長針編織，從中心點開始編織，織出前中心1針，而後4針長針、1針中長針，前中心短針，另一邊的領子也同樣編織，回到後中心時接著編織吊環。

<帽子>
1. 環織短針起針8針，編織出圓錐狀，待圓周達27～29針時，再繼續編織帽沿挑針筋編2段。
再以藍色線短針編織1圈。
2. 帽子的尖端以藍色的線編織鎖針，待編織到適當長度後再收針，以作為吊環使用。

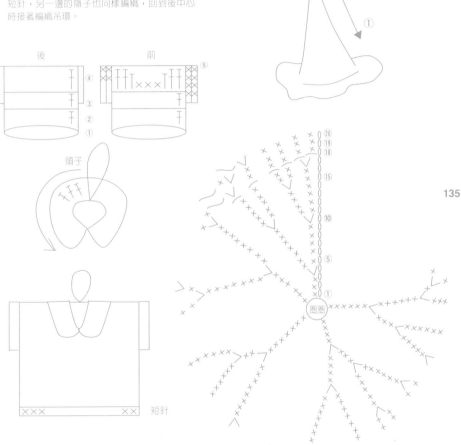

後　　　前

領子

短針

<吊環>（裝飾用的繩子）
鎖編，讓兩側成圓形。依照裝飾的位置不同，適度調整吊環的大小與整體的長度。

所有的配件完成後，穿過6即完成。

配件也可以分別裝飾陳列。
聖誕節或萬聖節時，可以改變線的顏色或造型重新製作。

細膩別緻的擺飾雜貨

讀者大島香織的作品

手織吊飾的製作方法在134頁

→

P.134

136

隨著微風搖曳，是多細膩別緻啊。同時顏色的搭配，又是那麼清新美麗。掛在窗邊應該別有風情，若是一個個拆下來裝飾在聖誕樹上，或是變成小袋子，都是相當棒的創意。努力編織完成時，相信一定會流露出滿意的笑容的。

能帶來幸福時光的吊掛式蠟燭Drops

Des couleurs et des formes sympa

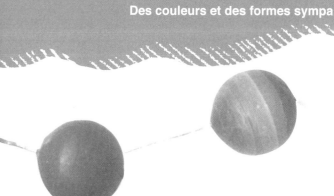

可以掛在房間、
可以掛在窗邊的手織吊飾

Des couleurs et des formes sympa

無論是哪一個，只
要掛在房間裡，肯
定是最佳的景觀。
這些療癒身心的雜
貨讓生活更加舒適
且愉快。

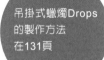

吊掛式蠟燭Drops
的製作方法
在131頁

→
P.131

吊掛式蠟燭Drops

讀者kurumu工房
示範指導

一個個仔細做成圓形的蠟燭，
光看就令人感到溫馨不已，是
色澤自然且柔和的蠟燭，可以
裝飾在房間裡，尤其是懸掛在
窗邊，能營造出祥和且舒適的
氣氛。

↘ 140頁的作品

蝴蝶別針的製作方法   洋梨別針的製作方法

● Material

塑膠蕾絲
（桌布所使用的 5×5cm）
毛氈A 8×8cm
毛氈B 少許
珍珠白鐵絲 8cm
安全別針 2.3cm1支
大珠珠（6mm） 1個
玻璃珍珠（3mm） 8個
圓珠珠（2mm） 6個
木工用黏膠
鉗子

● Material

毛氈A 10×6cm
毛氈B 少許
花棉布 5×5cm
繡線 少許
皮繩（粗3mm） 2.5cm（或是毛氈繩）.
安全別針 2.3cm1支
大珠珠（8mm）1個
木工用黏膠
厚紙 少許

● Step

＜製作翅膀＞
1. 依紙型剪下塑膠蕾絲、毛氈A、毛氈B。
2. 以黏膠將塑膠蕾絲黏在毛氈上。
＜縫上珠珠＞
3. 較大的翅膀上面縫上大珠珠。
　重縫兩次較牢固。
4. 大珠珠的周圍再縫上玻璃珍珠。
5. 穿過玻璃珍珠的縫線分別縫在4個點以固定。
＜製作觸角＞
6. 以鉗子夾住鐵絲的前端，做出5mm的圈狀。
7. 另一端同樣以鉗子夾住旋繞。
　從中心部分開始旋繞，會較順手。
8. 縫線穿過鐵絲的圈狀部位，然後縫在較大翅
　膀的裡側。
＜製作主體＞
9. 以黏膠固定大翅膀重疊於小翅膀上。
10. 毛氈B與圓珠珠一併縫合。
＜製作底座＞
11. 當作底座的毛氈A的背面，車縫上固定布與安
　全別針。
12. 主體黏在底座上即完成。

● Step

＜製作主體＞
1. 依紙型裁剪毛氈A、B厚紙。
2. 花棉布比紙型大出5mm裁剪。
3. 厚紙黏上花棉布。周圍稍微剪開，然後摺入
　裡面，以黏膠固定。
4. 步驟3黏在主體毛氈A上。
5. 縫上8mm的大珠珠。
＜製作葉子與梗＞
6. 以繡線在毛氈B右方繡上葉脈。
7. 葉子的背面沾上黏膠，黏上皮繩（或毛氈繩）
　再重疊黏合。
＜製作底座＞
8. 底座的毛氈A上，車縫上固定布與安全別針。
9. 主體與底座之間夾著葉梗，再以黏膠固定即
　完成。

▶ 紙型在115頁

3.
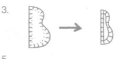

5.

7.

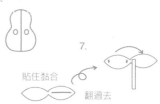

貼住黏合

翻過去

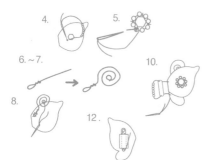

4.

5.

6.～7.

8.

10.

12.

8.

9.

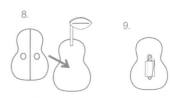

刺蝟別針的製作方法　　瓢蟲別針的製作方法

● Material

小型印刷機布用版紙　1張
小型印刷機布用金色油墨
毛氈A　8×8cm
毛氈B　少許
毛氈C　少許
毛氈D　少許
圓珠珠（2mm）　1個
安全別針 2.3cm　1支
木工用黏膠
打洞器

● Step

　＜製作身體部分＞
1. 黑白影印毛氈A用的帶刺圖案的紙型，再以小型印刷機製版。
2. 毛氈A以金色油墨印刷，待乾後再熨燙（如果沒有小型印刷機，可以剪裁毛氈後，以刺繡繡出刺的圖案）。
3. 依紙型剪裁毛氈A、B、C、D。
4. 以打洞器裁剪鼻子的部分。
　＜製作蘋果＞
5. 毛氈B剪裁出適當大小，作為軸的部分。
6. 毛氈C的背面以黏膠黏上毛氈D、軸的部分。
　＜製作主體＞
7. 毛氈B黏在毛氈A的背面。
8. 黑色珠珠縫在毛氈B上，當作眼睛。
9. 毛氈B的最前端黏上當作圓鼻的毛氈。
　＜製作底座＞
10. 底座的毛氈A上，車縫上固定布與安全別針。
11. 黏上蘋果即完成。

● Material

毛氈A　10×5cm
花棉布　7×7cm
大珠珠　（4mm）1個
皮繩（粗2mm）　2cm（沒有的話也可以使用毛氈繩）
花邊蕾絲　少許
安全別針 2.3cm1支
厚紙（圖畫紙）　少許
木工用黏膠

● Step

　＜製作翅膀＞
1. 依紙型裁剪毛氈A、厚紙。
2. 花棉布比紙型大0.5mm剪裁。
　花棉布黏在厚紙上，周圍稍微剪開，然後往裡摺，再以黏膠固定。
　＜製作翅膀的圖案＞
3. 從花邊蕾絲裡選出其中的花紋，然後順著輪廓剪下來。
4. 單側的翅膀上縫上蕾絲，上面再綴上珠珠。
　＜製作底座＞
5. 底座的毛氈A上，車縫上固定布與安全別針。
6. 身體用的毛氈A黏上翅膀。
7. 皮繩剪成各1cm。
　底座與身體之間黏上皮繩即完成。

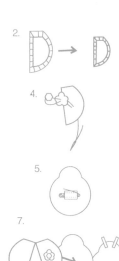

2.

4.

5.

7.

5.~6.

7.~9.

10.

13.

胸針的製作方法
在138頁

→
P.138

140

細膩的蝴蝶胸針。

圓滾可愛的
洋梨胸針。

瓢蟲的造型很時髦。

咬著蘋果的刺蝟。

可愛的造型可以是
胸針或小袋子或書籤！

Mon idée d'objet fait á la main

裁縫時必備的插針包可以做
成自己熟悉慣用的模樣。

童心童玩改造身邊的小東西

小袋子與書套由佐久間典子、

胸針由sentiment doux

兩位讀者示範指導

平常使用的雜貨或衣服上，何不妨加上自己喜歡的巧
思，就能讓一天的心情格外特別。動物、昆蟲、水果或
雲朵，這些平日雖司空見慣，但仔細觀察後才發現都有
著可愛的形狀，再加上配色或素材的選用，就能創作
出季節感，成為自己專屬的表情符號。

裝毛巾的袋子，仔細一看
原來是橡實。

白雲寶寶也可以
變成自己的表情
符號。

插針包的製作方法

● Material

表布
裡布
厚紙
棉襯
原毛（棉）
毛球
花邊
口紅膠
寬5mm的平狀鬆緊帶

紙型 ▶ 放大200%

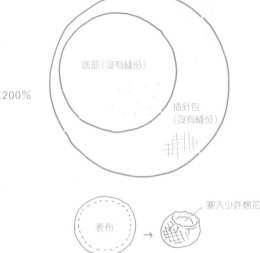

底部（沒有縫份）

插針包
（沒有縫份）

● Step

1. 依紙型剪開厚紙，4張重疊黏貼。
2. 疏縫表布，留下21cm開口。
3. 依紙型剪開的棉襯，放在底部
   下，底部包裹住厚紙，並以口紅
   膠黏貼固定。
4. 步驟2的布放在步驟3的布上，再
   以珠針固定位置。
   3與2之間夾著鬆緊帶，然後一起
   車縫。打開開口，塞進鼓鼓的棉
   花。縫合開口，然後以花邊裝
   飾，再黏上毛球。

塞入少許棉花

表布

黏貼

插針包部分

珠針

底部

鬆緊帶

底部

棉襯

厚紙

黏貼

膠水

白雲寶寶吊飾的製作方法

● Material

白布
聚酯纖維棉
繡線（褐色）
繩子

● Step

1. 依雲朵形狀剪下的布，施以刺繡。
2. 2片雲朵對齊，裡面塞入棉花，再夾
   住繩子後車縫。

回針縫

法式珠粒縫

回針縫

書套上的白雲紙型 ▶ 放大200%

回針縫

珠珠

回針縫

⤵ 刺繡縫法在152頁

橡實小布袋的製作方法

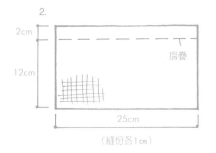

● Material

布
黑色毛線
鉤針（5／10號）
會轉動的眼睛　直徑8mm
鼻子用的毛球　直徑8mm
繩子（黑色）

● Step

1. 編織底部。如圖1逐漸加
　針鉤出底部。
2. 製作身體的部分，正面朝
　內對齊縫合。
3. 步驟1與步驟2接在一起，
　預留繩子穿過處後縫合，
　黏上眼睛與鼻子，最後穿
　進繩子。

1.

15 段	56針	
14 "	"	
13 "	"	
12 "	"	無加減針
11 "	"	
10 "	"	
9 "	"	
8 "	56針	
7 "	49 "	
6 "	42 "	
5 "	35 "	+7針
4 "	28 "	
3 "	21 "	
2 "	14 "	
1 "	7 "	

2.

2cm
12cm
摺疊
25cm
（縫份各1cm）

3.

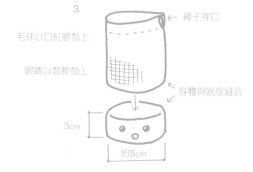

毛球以口紅膠黏上

眼睛以黏膠黏上

繩子穿口
身體與底座縫合
3cm
約8cm

書套的製作方法

● Material

表布裡布
繩子（書籤用）
裝飾白雲用的布
繡線
棉襯

● Step

1. 表布、貼邊布、雲朵皆襯
　上棉襯。
2. 將雲朵鋸齒縫縫在表布
　上，再縫上貼邊布。
3. 表布與裡布正面朝內，夾
　入貼邊布與書籤繩縫合。
4. 裁剪部分（返口）翻回正
　面，其餘部分也翻回正
　面。

1.

7cm　7cm　8.5cm　4cm　7cm
書籤線
16cm
縫份2cm
三摺
38cm

2.

正面朝內
縫合，翻
回正面

16cm　裁剪處
5cm
31cm
（除指定外縫份皆1cm）

3.

返口
裡布（背面）
裡襯
表布（正面）
摺起
書籤線

4.

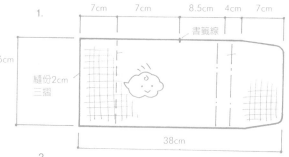

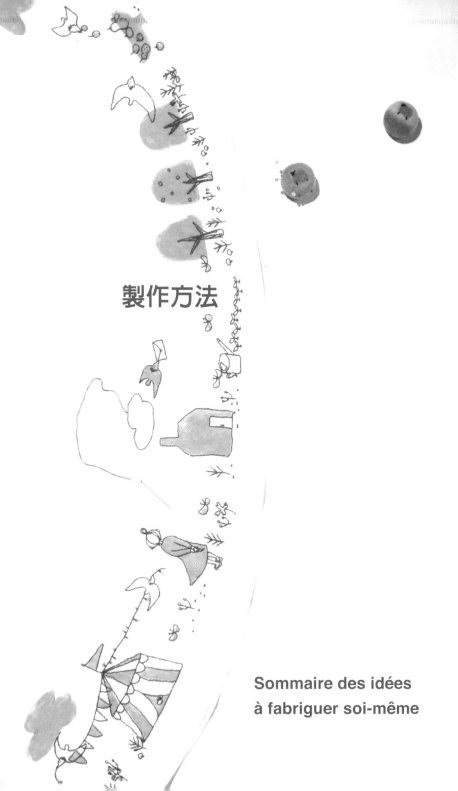

製作方法

**Sommaire des idées
à fabriguer soi-même**

016頁的作品

cuillèr的製作方法

● Material

塑膠湯匙
油性筆
木質板
木工用黏膠
水性漆（深褐色）
刷子
金屬的把手

● Step

1. 木板塗上漆。
2. 將金屬的把手裝在木板上。
3. 以油性筆描繪插畫在湯匙上。
※ 即使乾後，也容易擦拭得掉，要小心！
4. 湯匙沾上黏膠黏貼在木板上。
5. 完成。

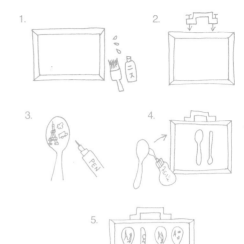

018頁的作品

橡皮擦印章的製作方法

● Material

橡皮擦
筆
鉛筆
轉印紙
刀片
印泥

● Step

1. 以筆描畫出印章的圖案。
2. 放在轉印紙上，以鉛筆再次描出圖案。
3. 翻面後的轉印紙放在橡皮擦上，經過摩擦後，圖案就又轉印到橡皮擦上。
4. 以刀片消去圖案的輪廓。
5. 邊緣也削去。
6. 完成。

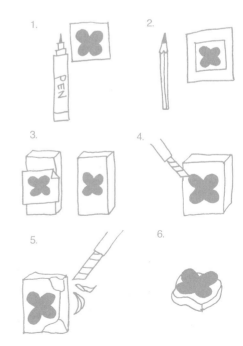

022頁的作品

郵票小冊子的製作方法

● Material

筆記本
從信封剪下的郵票　許多
報紙
水桶
溫水

● Step

1. 水桶裡裝滿溫水，將從信封剪下的郵票泡水約半天的時間，讓郵票從信封上脫落。
2. 水桶裡取出的郵票整齊的排列在報紙上，等候約半天的時間以吸乾水分。
3. 郵票一張張仔細黏貼在筆記本的封面上。每張郵票的形狀各不相同，所以黏貼前最好將同樣大小或同樣色系的郵票統一整理處理，歸類後再黏貼，完成後才會較漂亮。
4. 超出筆記本的郵票則予以切除。利用刀片做切割，比較簡單容易。切下的郵票不要丟掉，可以下次再利用。

1.

3.

4.
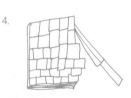

146

023頁的作品

郵票卡片的製作方法

● Step

1. 製作卡片的底紙以孔版印刷（silk screen）。
2. 印刷好的底紙，依記號一張張割開。
3. 搭配底紙選擇郵票貼上，並予以著色或設計即完成。

1.

印刷的顏色可依照季節或氣氛搭配選用。

底紙的設計依個人洗好。350×540mm尺寸的紙，約做9次模印一次刷完。

2.
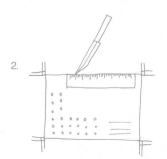

3.

圓點的卡片很適合搭配青蛙郵票。

025頁的作品

鐵絲鈕扣的製作方法

● Material

鐵絲

● Step

1. 鐵絲纏繞整形。為了避免鐵絲線頭外露被
   弄傷,線頭先捲成原形再開始纏繞。
2. 纏出自己喜歡的形狀後,再將剩餘的鐵絲
   插入空隙裡。
   各色的鐵絲都能拿來製作。

玫瑰鈕扣的製作方法

● Material

包扣道具、緞帶

● Step

1. 使用市售的包扣的道具。將緞帶從包扣的
   中央開始,一邊交疊做成花朵的形狀。
2. 2片葉片最後在一起縫合。

 → →

這裡再度交疊

這裡交疊

這裡交疊

可頌麵包鈕扣的製作方法

● Material

合成皮、珠珠、T型珠針

● Step

1. 剪成三角形的合成皮,往尖的那頭捲去。
2. T型珠針穿過珠珠後,再穿入捲好的合成皮
   以固定。
3. 扭轉T型珠針的底端作為鈕扣底座。

側面圖

T型夾   扭轉T型珠
          針做成鈕
珠珠   扣的底座

剪去T型珠針的頂端

實物大

紙型 ▶ 放大200%

毛氈鈕扣的製作方法

147

● Material

毛氈、蕾絲

● Step

1. 交疊黏貼上自己喜歡的顏色,最上面再貼
   上蕾絲,然後由上往下縫合。
2. 待黏膠凝固後,剪出喜歡的形狀。
   可以故意剪得不整齊,露出斷層感,更顯
   得別緻。

蕾絲

毛氈的層次

扣洞可以縫上鎖針縫做裝飾

皮繩鈕扣的製作方法

● Material

皮繩、黏膠

● Step

1. 皮繩繞手指5圈,皮繩頭往右穿過、皮繩尾
   往左穿過,一邊順整圈圈的形狀,一邊拉
   緊左右線頭。
2. 整形後,剪去繩頭,圈圈之間以皮用黏膠
   固定。

五圈後往左右拉

縫線可以從這裡的空隙穿過

↘ 031頁的作品

茶杯的製作方法

● Material

布
棉襯（整個杯子都要用到）
繩子
紡錘

● Step

1. 先製作把手的部分。
   2片把手的正面內對其縫合，翻回正面，裡面塞入棉花。
2. 再製作杯身的部分。
   杯身的側邊與1交疊縫合，再縫合底部。
   側邊的內貼邊正面朝內對其縫合，步驟2的杯身口上端與正面朝內縫合，翻回正面。
3. 製作杯身的內裡。
   內裡的側邊底部依序縫合。
4. 製作袋口的部分。
   依杯身大小製作袋口。
5. 整形後即完成。

↘ 031頁的作品

茶壺的製作方法

● Material

布、拼布的布
棉襯（整個壺身都要用到）
毛氈、鬆緊帶、鈕扣
毛球、花邊布

● Step

1. 製作把手的部分。
   2片把手正面朝內對齊、翻回正面，裡面塞棉花。
2. 製作壺嘴的部分。
   2片壺嘴正面朝內對齊縫合、翻回正面，裡面塞棉花，壺嘴口的上面縫上毛氈作為蓋子。
3. 製作壺蓋。
   褶子分別縫上。正面朝內對齊，除了返口處不縫外，其餘皆縫合，翻回正面後返口縫合。壺蓋頂上再縫上毛球。
4. 留下步驟5的拉鍊處不縫，其餘縫合，也縫合底部的部分。
5. 壺身的表布與裡布正面朝內對齊、縫合壺口上端，再從拉鍊處翻回正面，處理裡布的拉鍊口。步驟3的壺蓋，以花邊布與步驟5接連縫合。
6. 包扣縫在步驟5的壺身上，再以鬆緊帶作出環狀縫在步驟3的壺蓋，這樣就能圈住鈕扣。
   整形後即完成。

↘ 033頁的作品

大型手提草袋的製作方法

1.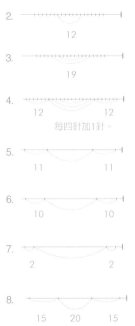

● Material

麥桿、塑膠的把手

● Step

1. 2支棒針打出45針（所有都要含住麥桿當做芯，做出的竹藍才會堅固）。
2. 剪掉線，針眼含住芯編織。
3. 再剪掉線，中間14針含住芯編織。
4. 每4針就加1針。
5. 兩側各留11針不織。
6. 兩側各留10針不織。
7. 兩側各留2針不織。
8. 兩側15針不加針不減針，中間則每4針家1針。
9. 不加針不減針織出1段。
10. 中間每5段加1針。
11. 不加針不減針織出1段與隨每段逐漸加針，如此反覆織下去。
12. 接著側面部分不加針不減針織出13段。
13. 編織裡面。
14. 製作把手部分（2個手把）。
15. 袋身與手把部分以麥桿纏繞綁住。
16. 製作裡布。
17. 製作口袋。
18. 裡布正面朝內側邊縫合。
19. 底布依底部的長度往內摺出三角形褶子，縫合。
20. 與裡布呈立體狀。
21. 裡布弧形處的縫份略剪開，以熨斗燙出縫份。
22. 縫合袋口後完成。

149

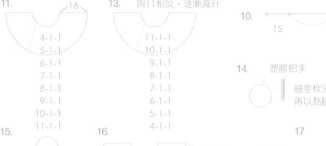

每四針加1針。

11.

```
         16
      4-1-1
      5-1-1
      6-1-1
      7-1-1
      8-1-1
      9-1-1
     10-1-1
     11-1-1
```

13. 與11相反，逐漸減針

```
     11-1-1
     10-1-1
      9-1-1
      8-1-1
      7-1-1
      6-1-1
      5-1-1
      4-1-1
```

14. 塑膠把手

細麥桿分成3股編織，再以粘膠固定。

15.

16.

袋身部分的裡布的裁剪方法。也要考慮摺份。

2片

側邊

17 口袋

18.

19. 略剪開

20. 縫合

21. 縫合袋口

034頁的作品

書籤的製作方法

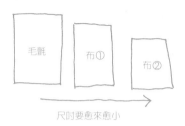

毛氈　布① 布②

尺吋要愈來愈小

● Material

自己喜歡的毛氈
自己喜歡布花布（花樣不同的2片）
布用的筆
標籤用的布
黏膠
針線

● Step

1. 以筆在布②上作畫。
2. 布①和布②黏膠黏合。
3. 布與毛氈以黏膠黏合。
4. 使用喜歡的布做成標籤，以針線縫合。

1.

2.

斟酌的比例黏貼

寫上文字

3.

4.

縫上標籤

034頁的作品

150

水滴造型書籤的製作方法

毛氈　布① 布②

● Material

毛氈
布2片
布用的筆
標籤用的布
黏膠
刺繡針線
蕾絲

● Step

1. 在布①畫上瓢蟲圖案。
2. 毛氈與布①黏合。
3. 黏上蕾絲。
4. 以筆畫出葉片與文字。
5. 刺繡裝飾布②
　　畫上點點（當作是瓢蟲走過的足跡）。
6. 標籤的 ∭∭ 部分沾上黏膠。
7. 將標籤黏貼在自己喜歡的位置上。
8. 布②和毛氈黏合。

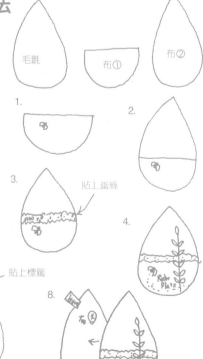

1.

2.

3.

貼上蕾絲

4.

5.

6.

7.

貼上標籤

8.

繡線要穿
過背面

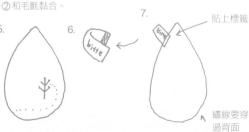

積木墜飾的製作方法

● Material

木片（版畫用的木板或魚板用的木板）
水性漆（樹脂顏料）
鑽子
繩子（編好的繩子等）1m
珠珠（裝飾用）
鋸子（粗的與細的）
畫筆
錐子

1.

● Step

1. 在木片上描畫出自己喜歡的圖案。
2. 仔細地沿著圖案邊緣切開。
3. 整個塗上漆。
4. 乾後以砂紙磨過，製造出斑駁的感覺。
   這個步驟重複2～3次（又稱做aging）。
5. 鑽子在墜子中央附近鑽洞（最後再以錐子磨洞口）。
6. 穿過自己喜歡的長度的繩子。其中再綴上裝飾用的株株。

6.

繩子交錯可
以調整長度

打上2個死結

打1個結

紙型 ▶ 放大200%

毛氈髮夾的製作方法

● Material

原毛　各色
珠珠
當作底座的髮夾
肥皂水
熱水
塑膠袋
毛線針

1.

● Step

1. 原毛弄成思現狀纏在髮夾上。
2. 塑膠袋覆蓋在上面，然後以熱水與肥皂水交互淋上，讓原毛變成毛氈狀。
3. 原毛拉長後猶如經緯般交錯重疊在髮夾的上部（像是穿梭般）。
   反面若有多餘的部分或太長的部分，則剪掉後再重複步驟2，直到變成像媒毛狀為止。
4. 重複動作。
5. 待乾後，以毛線針縫上珠珠。
6. 不牢固的地方再以毛線針縫補固定。

刺繡咖啡杯墊的製作方法

● Material

正面　麻布（刺繡好的）15×10.5cm
✣麻布碰水會縮，所以最好先下過水再使用
正面　（格子布）棉布15×10.5cm
裡布　（花布）棉布15×21cm
（縫份皆為1cm）
繩子　7cm正方的斜布紋的布料，摺四摺後縫合完成
25號的繡線
布用的顏料

● Step

1. 裁剪布料後，下過水備用（泡水1～2小
   時，趁半乾時熨燙）。
2. 麻布施以刺繡，或以布用的顏料作畫。
3. 將步驟2的布與格子布縫合
4. 步驟3的布與裡布正面朝內對齊，中間夾
   著繩子縫合（要預留返口）。
5. 翻回正面，再縫合返口。
6. 娃娃部分以刺繡製作，背景則以布用顏料
   描繪。

3.

這裡縫合

4.

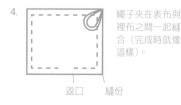

繩子夾在表布與
裡布之間一起縫
合（完成時就像
這樣）。

返口　縫份

<刺繡>
（使用25號的繡線）
・輪廓皆使用1條繡線回針縫。輪廓以外則使用2條。
・戴紅帽的孩子的衣服以鎖鍊縫。
　鳥與鞋子則緞面縫。
・男孩的衣服、鞋子、帽子都以緞面縫。
・人與鳥的眼睛以法式結粒縫。
・鯨魚為2條繡線的回針縫。

✣不事先畫草圖就直接刺繡。

| 回針縫 | 緞面縫 | 鎖鏈縫 | 法式結粒縫 |

<刺圖>
（刺繡完後再以布用顏料繪圖）
・調出自己喜歡的顏色
・先在其他的布上斟酌顏料與水的份量後再仔細描繪。
・待顏料乾後再開始縫合。

表布（麻布　格子布）

裡布

紙型 ▶ 放大200%

繩子（斜布紋）

圖案 ▶ 放大200%

↘ 038頁的作品

吐司餐具套的製作方法

● Material

28×40cm乳白色的粗毛呢1片
28×40cm橘色的粗毛呢1片
10×10cm起司色的粗毛呢1片
鈕扣1個
緞帶1條（可以綑綁的長度）

● Step

1. 10×10cm起司色的粗毛呢剪出幾個洞，做
   出像起司凹洞的模樣（大小依個人喜好，有
   了凹洞看起來比較像起司）。
2. 28×40cm乳白色的粗毛呢與橘色系（或茶
   色系）的粗毛呢（翻回正面時的返口不縫）
   正面朝內對齊縫出吐司的造型。
3. 縫合後，沿著縫線剪出吐司形狀。
4. 翻回正面整形，正面也要縫出吐司的形狀。
   此時要一邊拉著在下面的橘色系（或茶色系）
   的粗毛呢一邊縫，這樣完成後才會有吐司皮
   的感覺，比較可愛。
5. 橘色系（或茶色系）的粗毛呢縫上鈕扣與緞
   帶，之後就能纏繞綑綁了。

154

1.

10×10cm
左右

右與下間隔2～
3cm。由於是
放置餐具的口
袋，最好做些
刺繡裝飾。

2.

留下7～8cm不縫，橫向的
位置也無所謂。

3.

若先裁剪成吐司的形狀再縫合，恐怕布料會伸展
而無法對齊，所以最好縫好再剪。

4.

如果不從正面車縫縫線
的話，布料會膨鬆難以
服貼，所以最好是最後
再車縫上縫線。

5.
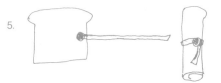

↘ 039頁的作品

吐司插針包的製作方法

● Material

粗毛呢（乳白色1片、茶色1片）10×10cm
起司色的粗毛呢1片　5×5cm

● Step

1. 剪成四方型的乳白色粗毛呢與起司色的粗毛
   呢（先剪出洞）縫合。
2. 茶色的粗毛呢剪得比預定的尺寸稍大些，然
   後與乳白色粗毛呢正面朝內縫合，並預留下
   返口不縫。
3. 翻回正面，與土司餐具包的作法相同縫出造
   型，留下欲塞入棉花的洞口不縫。
4. 塞入棉花，塞口以手縫縫合完成。

1.

2.

布製小皿的製作方法

● Material

完成的小皿直徑約10cm
龜甲網 #20
※龜甲的大小約1cm左右
棉襯
布
珠珠、鈕扣、緞帶等

● Step

1. 龜甲網剪成13cm×13cm。
2. 使用老虎鉗將周圍纏繞整形，做成一個小皿
   的形狀，作為底座。
3. 剪出2片比底座略大的棉襯。棉襯包裹住底
   座，邊緣粗縫。
4. 最外側的布，又要比底座大出3cm左右，內
   側的布則比底座大出5cm。
5. 內側的布放在底座上，避免布偏離，在從上
   面下來2.5cm的位置作出一圈星止縫。
6. 外側用的布包裹住底座的下面，再以珠針固
   定。內側用的布邊摺入縫合。如果要縫上緞
   帶或標籤時，這時就要縫入。
7. 依個人喜好縫上鈕扣或珠珠點綴。

※也可以改變底座的形狀，做成葉片或水滴的
   形狀。

1.
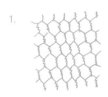

2.

3.
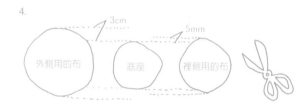

棉襯
底座
側面圖
周圍粗縫

4.
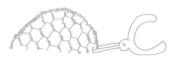
3cm   5mm
外側用的布   底座   裡側用的布

5.
裡側用的布
星止縫
2.5cm
底座

底座的上面覆蓋
上內側用的布

6.

裡側用
的布
→
布邊摺入
外側用
的布

裡側用的布
底座
外側用的布
側面圖

⤵ 047頁的作品

星空圖案插針包的製作方法

● Material

藍色的毛氈　1片
繡線　藍色（3條）
　　　銀色
棉花
珠珠（銀色）長形　
　　　　　六角形　
34#鐵絲
珠針（白色、藍色）

1.

※迷你尺寸的丈量
05.mm（縫份）　法都是粗略的

● Step

1. 剪出圓形與半圓形的毛氈各1片。
2. 半圓形的毛氈縫成圓錐狀，翻到背面。
3. 半圓形與圓形的毛氈縫合，中途塞入棉花後再縫合。
4. 銀色的繡線繡出街景與樹木。
5. 接縫線上縫上六角形的珠珠。
6. 以六角形、長形珠珠與鐵絲製作出星星的裝飾。
7. 星星的裝飾縫在插針包的最頂端（預留下的鐵絲則當作珠針插入針包裡）。
8. 在喜歡的位置插入珠針，當作是夜空的星星。

2.

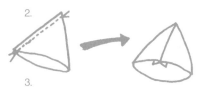

3.

縫合　　塞入

7.

4.

5.

6.

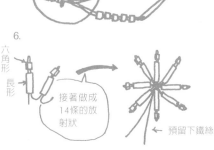

六角形　長形

接著做成14條的放射狀

←預留下鐵絲

※完成時鐵絲扭個2、3圈以固定

⬊ 045頁的作品

毛氈的室內拖鞋製作方法

● Material

原毛：主體用　100g（單腳50g）約需1瓶蓋的洗劑
　　　圖案用　各色10g（單腳50g）
氣墊、當做鞋子的鞋墊：以氣墊作為鞋型的紙型。毛氈
化的過程會縮水20％
肥皂水：60℃左右的溫水300cc
塑膠手套：沒有的話，則選用與塑膠膜帶同樣材質的東西
　　　　　代替，最好不要使用橡膠手套
水盆：需要先濯時，若放在盆子裡較好處理
噴水器、桿麵棍、洗衣袋、人工皮革

● Step

1. 半份量的單腳原毛（50g）薄鋪在紙型的表
　 面上，而後以肥皂水噴灑在上面，然後將
　 原毛裹住整個紙型，背面也依相同步驟裹
　 住紙型。
2. 依條紋的顏色順序依序鋪上該色原毛。
3. 為避免條紋偏移，先以洗衣帶套住，再均
　 勻淋上肥皂水、輕柔搓揉，然後力道逐漸
　 加重，直到手只可以提起片狀為止。
4. 剪開套口部位，取出裡面的紙型，並搓揉
　 背面直到毛氈化，此時套進腳或以手塑出
　 立體狀。
5. 以麵棍捲桿。
　 不斷均勻縱向橫向滾動，直到縮水至欲完
　 成的尺寸為止
6. 以溫水清洗，待清洗乾淨略為脫水後，在
　 半乾的狀態下熨燙整型。
7. 以細針的打洞器打出纖細的花紋，剪成圓
　 形的人工皮革則縫在鞋底。

1.

鋪上縱向橫向各4層　　多出的原毛則
交錯的原毛　　　　　　包裹住紙型

2.

顏色與顏色之
間，鋪多些原毛
色彩才會鮮明。

3.

OK!

4.

① 10.5cm
② 4cm
③ 3cm

5.

緊緊捲動

6.

以熨斗熨燙時，手要
扶住鞋子裡側才會顯
得較立體。

7.

先以黏著襯黏住後較
易縫合，縫合時為避
免毛氈出現縫線，最
好挑針縫合。

酒瓶套娃娃的製作方法

● Material

厚紙
針織棉
毛氈
緞帶、鐵絲
棉花
塑膠繩
棉布等（裙子、圍裙、袖子）

● Step

1. 以厚紙製作身體的原型。
2. 以厚紙製作脖子的原型。
3. 以膚色的針織棉製作手腕。
4. 貼上膚色針織棉或毛氈等遮蓋厚紙。
5. 身體與脖子交接處的略下方穿孔後，穿過鐵絲。鐵絲黏上膠後鋪上棉花。
6. 將步驟3套在手腕上。
7. 製作袖子。縫合布邊變成圓筒狀後，上下皆疏縫做出皺褶。
8. 依手腕粗細拉緊縫線，打結後固定。
9. 製作頭部。
   膚色針織棉剪成直徑9cm的圓，外緣疏縫。
10. 塞進棉花，調整成圓形
11. 縫合上頭部。
12. 製作頭髮。直徑5mm的塑膠繩約7條綁在一起。
13. 製作裙子。製作方法與步驟7的袖子相同。
14. 與袖子的製作方法相同，依身體的尺寸調整縫線。
15. 製作圍裙。
16. 以毛氈貼上黑布製作眼睛。

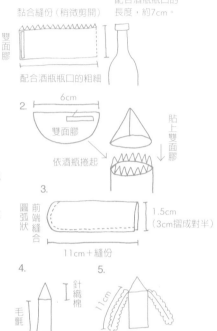

1.
雙面膠
黏合縫份（稍微剪開）
配合酒瓶瓶口的長度，約7cm。
配合酒瓶瓶口的粗細

2.
6cm
雙面膠
貼上雙面膠
依酒瓶捲起

3.
圓弧狀
前端縫合
1.5cm（3cm摺成對半）
11cm＋縫份

4.
毛氈
針織棉

5.
11cm

7.
拉緊縫線作出皺褶
袖長（長度依個人喜好）

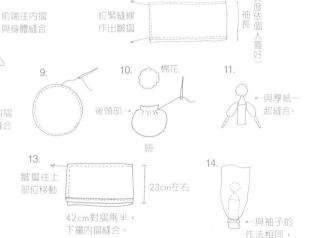

6.
前端不要翻回正面，就像穿襪子般從前面套進去。
前端往內摺與身體縫合

8.
依手腕粗細拉緊縫線固定
前端往內摺與身體縫合
裡

9.

10.
棉花
後頭部→
臉

11.
與厚紙一起縫合

13.
皺褶往上部位移動
23cm左右
42cm對摺兩半，下擺內摺縫合。

14.
←與袖子的作法相同，依手腕粗細調整縫線。

12.
撕開→
長度依個人喜好，以黏膠黏在頭部。

15.
緞帶
16cm
9cm

⬊ 102頁的作品

書套的製作方法

● Material

布
緞帶 寬2～3cm長18cm
鈕扣 2～3cm
繩子或緞帶（繫住鈕扣用） 20cm
　　　（書籤用） 23cm

● Step

1. 表布的布邊摺三摺後縫合。
2. 放進書本封面的部分摺出6cm，然後夾住
　 緞帶在12cm處縫合。
3. 翻回正面。
4. 熨燙。
5. 周圍車縫線。
6. 縫上書籤、扣住鈕扣的繩子、鈕扣。

紙型 ▶

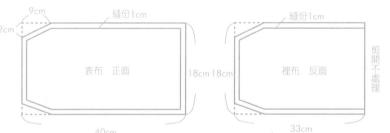

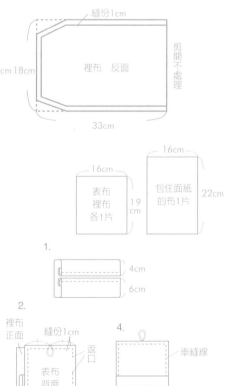

⬊ 102頁的作品

面紙套的製作方法

● Material

16×19cm　表布　裡布　各1片
16×22cm　包住面紙的布　1片
鈕扣1顆
扣住鈕扣的繩子5cm

● Step

1. 包住面紙的布的布邊摺三摺。由於將作為
　 縫份，所以預留多些尺寸後熨燙。
2. 打開一部分，在1cm處縫合，上部中間處
　 夾入繩子縫合。
3. 開口的部分翻回正面，熨燙。
4. 當做蓋布的部分周圍車縫。
5. 縫上鈕扣。

159

便當盒插花的製作方法

● Material

花
草
塑膠薄膜
耐水海綿（oasis）
繩子
線

● Step

1. 為了鋪上紙、也為了防止漏水，所以先鋪上塑膠薄膜。
2. 然後上面放上耐水海綿。
3. 決定好盒蓋打開的角度後，綁上可固定的繩子。
4. 葉片插在海綿的四個角，然後依整體大小擺飾。
5. 將重點的花朵插在正中央。
6. 小玫瑰或其他的花材則插在周圍。
7. 避免海棉外現，盡量以花材鋪滿。
8. 裝飾用的線擺在適當的位置。

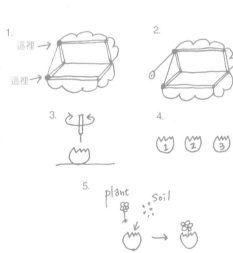

蛋殼花盆的製作方法

● Material

蛋盒（6顆裝）
縫線　襯衫的鈕扣
蛋殼
多肉植物的幼苗
土壤

● Step

1. 蛋盒的邊邊以紅線縫上襯衫的鈕扣。
2. 線頭再縫上鈕扣。
3. 以鑽子在底部鑽孔，作為排水用。
4. 蛋殼印蓋上數字印章。
5. 植入多肉植物。
6. 將雞蛋們放入蛋盒裡即完成。

※之後的照顧：
每隔15天澆一次水，並移至陽光充足的窗邊。

1.　這裡 →　這裡 →

2.

3.

4.　1　2　3

5.　plant　soil

6.

↘ 108頁的作品

CD收納袋的製作方法

● Material

2mm厚的毛氈　50×20cm1片
棉布（3片）15×20cm1片
數字的印章

● Step

<製作口袋>
1. 口袋正面朝內對其縫合周圍。製作相同形狀卻不同花色的3片口袋。
2. 圓弧的部分要稍微剪開。
3. 從返口翻回正面。
4. 熨燙整形後，緊緊縫合返口的部分。
<製作毛氈的底布>
5. 剪裁毛氈，周圍車縫。
6. 與吊環一起縫合（固定吊環的位置來回車縫固定）。
<縫合口袋>
7. 口袋縫在底布上。
8. 在口袋上蓋上印章。

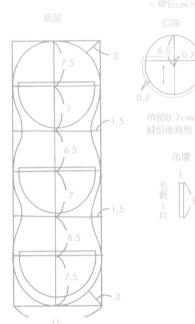

<單位cm>

底部

口袋

7.5

3

6.5

0.7

0.7

預留0.7cm的
縫份後裁剪

7

1.5

6.5

吊環

7

毛氈1片

1

1.5

8

6.5

7.5

3

15

1.
表
0.7cm

4. 0.2cm
裡

5~6.
與吊環一起縫合（固定吊環的位置來回車縫固定）

毛氈剪開後
縫上縫線。

0.3cm縫線

7~8.

口袋

1
0.2cm

2
0.2cm

3
0.2cm

⟍ 110頁的作品

營造出溫暖燈火的燈罩的製作方法

● Material

電線：依照成品的感覺選擇電線的材質或白色或黑色等
燈炮插座：依燈泡的尺寸或亮度選擇。若屬於吊掛式的，
　　　　　就選擇吊掛式的插座
三夾板：3～4cm的薄木板
燈炮：依空間的明亮度或風格選擇透明或白色等

● Step

1. 讓電線頭裡的保險絲外露出來。
　　<裝上插座>
2. 鬆開插座裡的螺絲，將保險絲繞上去。
3. 牢固鎖緊後，再蓋上蓋子。
　　<製作燈罩>
4. 三夾板以線鋸鋸開。
　　可以先以鋸子將木板鋸成正方形後，再慢
　　慢鋸成圓形，比較不會危險。
5. 塗上油漆。
6. 裝上各配件。
7. 插頭依據插口配合裝置。

1.
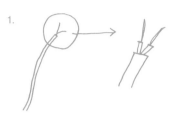

2.

3.

162

4.

線鋸

5.

6.

7.

插頭

大部分的插頭都是
這個樣子的

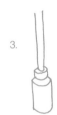

裝設方法與插座的
裝設方式相同

大街小巷

手創店鋪 & 藝廊

Sommaire des magasins

北海道

hulot

自十年前就開始販售手創作品的老店，店內都是依據老闆的品味嚴格把關的作品，充滿高格調的氣氛，與也從事手工創作的老闆聊天，是來店的樂趣之一。

● 北海道札幌市中央區南1西1112
大通ビル4F
tel 011-219-3115
12:00～19:30週日、一、三休
http://www6.ocn.ne.jp/~hulot/

milco tiger

從衣服到飾品、雜貨等都有，且多是標榜著甜美少女風格的作品，店內銷如草莓蛋糕般可愛，值得入內探險看看。

● 北海道札幌市中央區南2西6ビル
開ビル5F
tel&fax 011-207-3357
12:00～20:00週一、二休
12:00～19:30週三、四、六休
http://www.milcotiger.com/

SCORE

手工改建原本的古老建築而誕生的該店，在略微隆暗的店內可以一邊喝茶，一邊盡情購物。另外還設有娃娃屋教室與藝廊。

● 北海道函館市中道1-3-3
tel&fax 0138-33-7728
11:30～21:00 週四公休
http://www.score20.net/

mon chou chou

店內盡是獨家設計的麻質雜貨、玻璃器皿、陶器、歐洲古董、園藝用品、花苗、香草苗等。

● 北海道帶廣市的之森西4丁目14-9
tel&fax 0155-49-3275
10:00～19:00週二公休

青森

Quadrille

將布利用縫製的衣服或袋子，還有手工製作的飾品等各色彩繽紛地陳列在店內，最裡頭還有咖啡吧。

● 青森市青森市ビル1-16-2 2F
tel&fax 017-722-2075
11:00～21:00 週六休

岩手

hina

有令人心動的手創作品，也有令人會心一笑的雜貨，以及酷酷的裝潢擺飾等，有了這些，待在店內多久都不厭煩。

● 岩手縣盛岡市開運通2-34長谷川大樓2F
tel&fax 019-654-3277
11:00～19:30週二公休
www6.ocn.ne.jp/~shophine/

可以用來裝飾盆栽植物的盆栽套

含稅 ¥1350～1500
（可以隨季節變更植物或袋子）
＜可以代為寄送＞
在網頁上確認商品後通知連絡
（也有無法辦理的時候）
確認郵匯金額後即寄送，郵資由顧客負擔

hina老闆親手做的紙黏土商品

含稅 ¥609
＜可以代為寄送＞
商品價格＋郵資，預先支付
不得指定黏土人偶的顏色造型
（數量有限）

petaanque

以巴黎教會廣場前的跳蚤市場為設計藍本，是位於小巷裡側的書店兼玩具店。

● 北海道札幌市中央區南2西4pivot3F
tel 011-219-4600
10:00～20:00無休（視每月有一天的休日）
http://www.majomarket.com/

宮城

yawn of god＋

店內有獨家商品，也有來自日本各地手創作家的作品。各式各樣的雜貨宛如能喚起平凡生活中的幸福與笑容。

● 宮城縣仙台市青葉區小田原4-2-32
tel&fax 022-722-8566
11:30～19:30（平日）
12:00～19:00（週六日假日）週二公休
www.ne.jp/asahi/yog/shop/

majomajo market

位於函館街道上，已邁向第二十六個年頭，是每次造訪都能有新發現的美好店鋪。

● 北海道函館市美原1-7-1長崎屋1F
tel 0138-45-3810
10:00～20:00無休
http://www.majomajomarket.com/

yawn of god＋的動物造型紙條夾

含稅 ¥450
＜可以代為寄送＞
以普通或郵包寄送
銀行或郵局匯款
郵資與手續費由顧客負擔
（僅可挑選網站上顯示的商品）

mash puppet

以可愛少女的房間為藍圖的店內裝
潢，擺滿了充滿個性的雜貨作品。入
秋後還定期編列了編織教室。
● 宮城縣仙台市青葉區一番町2-3-30
iroha橫丁內
tel&fax 022-221-8116
11:00〜19:30（平日）
11:00〜19:00（週日假日）週四公休
www.h6.dion.ne.jp/~puppet/

Too-ticki

每位手創作家的作家都分別擺在小箱
子裡陳列，從首飾、洋娃娃到音樂等
應有盡有，彷彿是手創作家們的個人
小鋪。下次不妨也帶著自己的作品來
展售。
● 東京都杉並區高圓寺北2-18-11
tel&fax 03-5373-0306
12:00〜20:00週一公休
http://www.too-ticki.com/

安的朋友

在店內可以一邊喝茶，一邊欣賞外面
的庭院，五月間如眼前的花朵繽紛綻
放，不妨過來放賞，度過悠閒時光。
● tel&fax 028-636-7701
11:00〜20:00

34頁的水滴造型書籤

Lamp（已結束營業）

店內都是舒服的生活雜貨或服飾，提
供簡單過生活的生活用品
● tel&fax 0480-32-6765
12:00〜18:00
http://www.lamp-online.net/

cafe sapana（已結束營業）

是定期舉辦展覽、一日體驗、書店可
活動的咖啡館，不過很遺憾的是，已
結束營業
● tel&fax 03-3332-0683
15:00〜23:00
www.h4.dion.ne.jp/-sapana/

165

BERRY HOME

店內盡是草莓圖案與造形，還有從美
國進口的單件草莓造型古董商品！
店內相當寬敞，擺滿了服飾與手創作
家們的作品 目前正在招募有興趣加
入的手創作家
● tel&fax 048-592-6138
10:30〜16:00週四・五・六open

文房堂

售有各式畫具、版畫畫具，還有諸樣
等，另外也有特選的雜貨專區
● tel 03-3291-3441 fax 03-3293-6374
10:00〜19:00
http://www.bumpodo.co.jp/

Lorina

店內的裝潢，任每個女孩都嚮往 店
內有藝術家們的可愛作品，在個個
精心縫製的帽子或布製雜貨裡，一定
能找到自己的最愛
● tel&fax 03-3468-6689
12:00〜20:00

glass cafe

每間都有藝術家展覽的暫歇藝廊
● tel&fax 03-5700-3552
11:30〜15:00
17:30〜22:30
11:30〜22:30
11:30〜21:00
www.glasscafe.net/

流浪狗咖啡

備有研磨咖啡與香醇美酒的小店。在
這裡不僅能吃到餐點，還有獨家販售
別處買不到的雜貨，以及手創家們的
作品，想好好幫身心時，不妨到這裡
來。
● tel 03-3312-0001 fax 03-6306 2688
15:00〜25:00
13:00〜25:00
http://www.horae.dti.ne.jp/-andy4649/nora-inu-cafe.html

H★hBM

售有獨一無二的小飾品或服飾，令人
愛不釋想買下 展示用的箱子從2000
日圓起跳，也可以租借
● tel&fax 03-3719-0998
15:00〜22:00
13:00〜22:00
http://www.15.ocn.ne.jp/~hhbm/

（4）東京

虹畫廊

寬敞的畫廊內還設有店鋪，可以購買
得到自己欣賞的手創作家的作品。
● 東京都武藏野市吉祥寺本町2-2-10
tel 0422-21-2177
fax 0422-21-2166
12:00～20:00週三公休
http://www.12.ocn.ne.jp/~niji/

Recherche

店名在法文的意思是「尋找」，不妨來
到這裡尋找自己小小的幸福吧！在充
滿雜輯自然雜貨的店內，相信定能度
過美好的時光。
● 中京都※※※路上※※2-29-4 ※※※
※※※※地1F
tel&fax 03-5685-5261
11:30～19:00週二公休
http://www.recherche.jp/

miyuru堂

店內的設計猶如是「房間」般，而那
樣的房間裡塞滿著可愛的手作雜貨！
來到這裡不妨細細端詳每個手工商
品，想必能找到自己最喜歡的。
● 練馬區榮町39-6小林大樓101
tel&fax 03-3994-5315
13:00左右～21:00左右
週二公休（也有可能臨時公休）
http://miyuru.com/

08頁的毛氈與棉布
柔軟組合的CD收納袋

AMULET

收藏有來自世界各地的古老繪本，還
有郵票、火柴盒或手製的明信片等紙
類雜貨。二樓的咖啡館可以歇息，相
信一定能找到自己喜歡的商品。
● 東京都千代田區神田神保町1-52
tel&fax 03-5283-7047
11:00～19:00週一公休
http://www.mecha.co.jp/amulet/

也可以當作壁飾
的小鳥圖案手提袋

含稅 ￥5800
＜可以代為寄送＞
　　　　　　　銀行轉帳
郵資、手續費由顧客負擔
詳情請以電子郵件或電話詢問

可以買到
剪貼的生日賀卡

含稅 ￥400
銀行或郵局匯款
郵資由顧客負擔

世田谷區233

衆多手製雜貨或藝術作品等，形成了
濃厚個性派的木格式藝廊，也有咖啡
館，可以一手拿著咖啡杯，一邊悠閒
注視著路面電車緩行而過。
● 東京都世田谷區※※1-11-10
tel 03-5430-8539
12:00～20:00週※，以及每月第※※
的週三公休
http://boxweb.cool.ne.jp/

COCOdéCO

採用大正時代留下的日本民家作為店鋪
兼藝廊，除了寬敞的庭院外，還收藏有
手工雜貨或手工藝作品等，另有教室或
小型展示空間提供給使用。
● 東京都新宿區下落合2-19-21（已結束營業）
tel 03-3952-1402
11:00～18:00週二、五、日、假日公休
展覽期間則無公休日
http://www.mecha.co.jp/cocodeco/
● 東京都千代田區神田神保町1-52
tel&fax 03-5283-7047
11:00～19:00週日公休
http://www.mecha.co.jp/amulet/index.html

TABASA

以手製雜貨為主，也有服飾或手工藝
品，每天都有新進貨的商品堆滿整個
店內。
● 東京都※市※※2479
tel 042-553-1634
11:00～20:00週※、※※※
※前日休※）

可以買到毛氈的室內拖鞋

含稅 ￥3500
＜可以代為寄送＞
掛號郵寄現金袋
待確認金額後寄送
郵資由顧客負擔
不可指定顏色、圖案
詳情請以電話詢問

trios deux trios

是小巧可愛的住家型商店，都是老闆
親手製作的小東西或首飾等。
● 東京都※市※※北※5-20-7-208
tel&fax 03-5690-8844
10:30～16:00單有在※週週末open
※電話預約

東京

quilt shop YUNO

店內盡是30年代風格圖案的棉布等，是喜歡自己動手縫製東西的顧客的最愛
● 東京都目黒區自由之丘2-34-9maison de K1F
tel 03-5663-2532
fax 03-5662-2592
10:00～17:00週一～週日，五，六公休
http://yuno.55street.net/

Sunny Days

感覺像是青嵩氣氛的日子般舒適的店鋪，有設計師的作品，也有古董雜貨等獨家商品，像是偷藏著寶藏般的精庫般
● 神奈川縣川崎市宮前區2706-5
tel&fax 044-9320916
平日11:00～19:00
週六12:00～19:00
週日公休

macaron sundries

手創作家macaron的商店，除了獨創商品之外，還有很可愛的雜貨等
● 東京都杉並區井之頭2-16-24
tel&fax 03-5370-8055
11:00～19:00週一公休
http://www.macaron-sundries.com/

Musette

紅磚砌牆的店內收藏手創家們的作品，或是國內外具有地方色彩的商品。
● 神奈川縣西區淺間町1-4-4小泉大樓
tel&fax 045-314-1240
11:00～20:00有時週日、二公休
http://www.musette.jp/

berry farm

店內有手製雜貨，也有好屋的紅茶與餅乾，眾多餐桌上不可缺少的雜貨商品，既可愛又實用
● 東京都足立區西新井1-5-21
tel 03-5831-2287
11:00～19:00週二公休
http://www008.upp.so-net.ne.jp/berryfarm/

可以買到布製小皿

含稅￥630～（圓形）
＜可以代為寄送＞
郵局或銀行轉帳
不須手續費，郵資顧客負擔
也販售與介紹的商品不同之顏色與花紋

167

Polka Dots

店內收藏有世界各地的商品，也有手創作家的作品等。餐具、文具、服飾、兒童用品，首飾等擠滿了小小的展示空間，不妨帶著尋寶的心情來逛逛。
● 東京都世田谷區3-17-3
tel&fax 03-5481-6521
13:00～20:00週二公休
http://www.h5.dion.ne.jp/~polka/

Five&Ten

難以計數的雜貨，都是每天進貨的新商品，這些來自世界各地的雜貨足以滿足眾多的需求。
● 神奈川縣川崎市Plaza1 (1-3-1nokutei plaza1-2F
tel 044-833-6691
10:30～20:30 不定期公休

HATTIFNATT

手工打造的店內擺著手創家們的作品，另外，這裡的蛋糕或咖啡一定得來試試！
● 東京都杉並區高圓寺2-18-10
tel&fax 03-6762-8122
12:00～24:00週一～六
12:00～21:00週日
http://www.too-ticki.com/

NABI

位於鎌倉車站附近的小店，宛如玩具箱，除了NABI獨家商品，還有手工製作的雜貨等，很適合前來尋寶、一探究竟。
● 神奈川縣鎌倉市雪之下7-5
tel&fax 0467-61-2586
11:00～19:00週三公休
http://nabishop.jp/

 神奈川

SONG BE CAFE

忍不住久待的舒適亞洲風咖啡館，有泰國風、越南風等的料理或點心等，還有獨家調製的飲料，也販售亞洲的袋子或陶器等雜貨。
● 神奈川縣鎌倉市御成町13-32
tel&fax 0467-61-2055
4～9月11:30～21:00週一～四、日
11:30-21:00週五、六
9～3月11:30～20:00週一～四、日
11:30～21:00週五、六週二公休

可以買到積木墜飾

含稅￥2100
＜可以代為寄送＞
商品到貨後，銀行轉帳
郵資￥100
其他還有雲朵或貓咪造型

大街小巷 手創店鋪 & 藝廊

(↘)神奈川

玉姐妹

手工娃娃創作家曉子與妹妹惠子兩共
同經營的花店。店內處處可見到姐妹
的巧思與嚴選商品。
● 神奈川縣綾瀨市早川1-8
tel046-823-6522
10:00～19:00週四公休
http://members.jcom.home.ne.jp/ju-tama/
tamashimai.html

(↘)富山

dupon35

掛在白色牆壁上色彩繽紛的雜貨，皆
是來自法國或美國的古董或商品，肯
定能為每日的生活帶來些許的驚喜。
● 富山市總曲輪中町本通2-17常盤大樓1F-令
tel&fax 076-425-2141
11:00～19:00週二公休
http://www.cp-store.com/

(↘)石川

Rallye

是雜貨、音樂與書本的店舖，還有手
創家製作的提袋、小包包、明信片等
雜貨，嚴選的音樂與視覺系的書本
等。
● 石川縣金澤市裏町1-1-61私和大樓2F
tel&fax 076-265-7006
11:00～20:00週三公休
www.rallye-kanzawa.com

H

有來自歐洲的可愛童裝、手工雜貨或
繪本等優雅舒適的商品。
● 石川縣金澤市野野市6-16-6
floral garden1F
tel 076-246-0066
fax 076-240-6523
11:00～19:00無公休
www.chi-h.net/

(↘)靜岡

cielo azul

收藏有來自日本全國藝術家們的手創
作品，有令人忍不住想伸手把玩的小
包包，也有可愛得不得了的娃娃，總
之女生最喜歡的東西都在這裡了。
● 靜岡縣靜岡市傳馬町7-9 天馬大樓3F
tel&fax 054-255-9509
11:00～22:00每月第一、叁週二公休
http://www.zakka-cieloazul.com/

cielo azul夕空
ZAKKA HOMME

才開幕不久的「給男生的雜貨店」，有
文具、雜貨或設計幽默的雜貨等，選
禮物送人時不妨到這裡看看。
● 靜岡縣靜岡市呉服町1-8-2 asubisu II 1F
tel&fax 054-255-4120
12:00～21:00週二公休
http://www.zakka-cieloazul.com/

(↘)靜岡

Brown Duck

店內都是溫馨且可愛的商品，有鈕扣、
布料或手工製作的雜貨等
● 静岡縣袋井市淺羽池田之鄉810
tel 0558-23 5115
11:30～17:30週一、叁週四公休
www.brown-duck.com

Baby Leaf

小小的雜貨屋裡，收藏有全日本雜貨
創作家的作品，所以一定能從中找到
自己的最愛。
● 静岡縣磐田市十仕田6-17-24
tel 070-5646-3339
11:00～13:00・14:00～18:00
週一、四、日公休
http://www14.plala.or.jp/babyleaf/

(↘)愛知

praliné

明亮的店內擺飾著可愛的雜貨商品，
店內70%的商品都是老闆自己的創
作，作品充滿創意，只有在這裡才買
得到。
● 愛知縣名古屋市中區榮3-28-111
櫻花公寓206
tel&fax 052-263-0078
12:00～19:30週二、叁公休

le petit marchè

店名的意思是「小型市場」，有來自以
東歐與北歐為主等世界各地市場收購
而來的民藝品、家具，以及日本作家
的作品等，有了這些東西，每天的生
活應該會很愉悅吧。
● 愛知縣名古屋市中區榮3-7-5長谷川大樓
4F
tel&fax 052-264-3545
11:00～19:00（週日假日）
13:00～20:00（週一至五）週二公休
http://www.owari.ne.jp/~petit/

可以買到鑰匙圖案的咖啡杯墊

含稅￥2940
＜可以代為寄送＞
貨到前付款
郵資全日本皆為￥500

Bloom

花卉與雜貨的商店，有手創作家的作
品，也有藝術家或來自北歐的玩具等
老闆精選的商品，當然還有花花草草
點綴其中。
● 愛知縣刈谷市神明町17-60
maison rose 1F
tel&fax 0566-29-1900
10:00～18:00週日公休
（我要出去參美，請事先以電話確認）
http://www.15.ocn.ne.jp/~bloom/

🔲愛知

Caché

倉庫改建的店內,設有雜貨區、咖啡館與活動區,可以一邊悠閒的喝茶、一邊放鬆店內的雜貨。也會舉辦個展或畫展等。

● 愛知縣名古屋市港區春吉4-26
tel&fax 052-655-0782
11:00～24:00(每月第一、四週二公休)
(附設咖啡餐廳、下廚可預約)
http://www.cache-art.com/

🔲岐阜

KaraKaran*

販售自然花卉與雜貨的商店,雜貨與花卉搭配設計的商品很受好評。

● 岐阜市藪明通3-1-7
tel 058-264-0719
11:00～20:00週三公休
http://www.karakaran.com/

Caché Style

可以手工訂製雜貨的店,是Cache的第2家店,店內氣氛舒服,有賣衣服跟雜貨。

● 愛知縣名古屋市中區錦3-4-19
tel&fax 052-383-1761
10:00～20:00(每月第一、四週二公休)
(附設咖啡餐廳、下廚可預約)
http://www.cache-art.com/

Reverie

昭和初期的洋樓改建而成的小店與咖啡館,也設有英法教室與畫廊等。

● 岐阜縣各務原市那加14-
tel&fax 0572-25-6165
週日11:00～19:00
cafe10:00～20:30(週一公休)
http://www.reverie.info/

🔲三重

vanille

嚴選兼具自然與赤子之心的雜貨,收集有日本全國54位作家的作品,青草色的店內,是工作人員親手布置的。

● 三重縣松山市東町2-1-13
tel&fax 0595-82-0851
10:30～19:30(週一公休)
http://www.zakkaya-vanille.com/

Souvenir

店內收藏有作家或工房親手仔細製作的可愛雜貨商品,讓日復一日的生活變得更加有趣。

● 三重縣松山市鳩町1-26
tel&fax 058-262-6602
11:00～19:00(每月一、四公休)

169

生活藝廊遊牧舍

聳立在碧綠環境的該店,是棟木造紅磚打造的房子,店內有創作家的手工作品或陶器等,可以在這裡度過悠閒的時光。每年舉辦3～4次的展覽。

● 三重縣龜山市東町2-1-13
tel&fax 0595-83-4267
10:00～16:00週二、三、四open
(展覽會期間11:00～17:00不定期公休)
http://yuboku.hp.infoseek.co.jp/

🔲京都

BOBBiN ROBBiN

店內有可愛的花布、古董裁縫用具及便利好用的雜貨等,光看就讓人千頭萬緒想動手做做看,當然也忍不住與老闆一起腳踏實地的種種。

● 京都市中京區三条通東洞院東入菱屋町61
sanmuro ビル館2F
tel&fax 075-213-3109
11:00～19:00(週二公休)
http://bobbin-robbin.hp.infoseek.co.jp/

INOBUN四条本店

從地下1樓到4樓都是生活雜貨用品,同時4樓都是手創府窩的用料,光是緞帶就有100種,其他還有布料、鈕扣或作家的作品等。

● 京都市下京區四条通柳馬場西入立賣西町26
tel 075-221-0854 fax 075-256-4080
11:00～21:00(不定期公休)
http://www.inobun.co.jp/

106頁的多肉植物蛋殼盆栽

纏線兔子

店內以老闆手工縫製的布偶娃娃為主,又以綽號「小惡魔大」的布偶最有名,還有來自日本全國的作品。

● 三重縣松阪市湊町261 2F
tel&fax 0598-23-8281
12:00～18:00
(週四、週日公休)
http://itomaki.parfait.ne.jp/

ALPHABET

店內有布類或插畫等手工雜貨,以及歐洲蒐購的雜貨等獨家商品,也可以買布料或嬰兒用品、首飾、藝術圖書等等。

● 京都市左京區一乘寺樫原町101
edenn ビル1F
tel&fax 075-702-3498
11:00～20:00(週公休)
http://www.alphabet123.com/

大街小巷 手創店鋪&藝廊

京都

T's collection

國內外的懷古商品或可愛的手創家作品均在此。

● 京都市右京區常盤下田町13-1
tel&fax　075-873-4025
10:30～18:00週三、四、年末年始、
採購、活動時公休
http://www.kyoto.zaq.ne.jp/tsc/

可以買到兔寶寶

含稅￥6000
＜可以代為寄送＞
銀行郵局轉帳等後再寄送
郵資由顧客負擔
也接受訂做
細節請洽詢

avannse

綠意盎然的店內有著法國製的布偶或手工製作的雜貨，令人心曠神怡。

● 京都市上京區製本通今出川下ル殿町
665-3
tel　075-254-3232
fax　075-254-3233
11:00～18:30週四公休
www.france-bin.com/

SQUIRREL/
cachecache coucou

售有手工作品、古董小東西等，在這裡一定能找到自己喜歡的東西。

● 京都府京都市上京區一笋通御前通
西入三丁目西町74-1
tel&fax　075-467-2120
12:00～17:00週二～六公休

奈良

tomoom

歡迎來到tomoom的世界。有各種素材且獨一無二的鈕扣，日宅兼店舖，門口的三輪車就是最好的招牌。

● 奈良縣奈良市西紀寺町13-1
tel&fax　0742-23-6119
11:00～19:00
第一、三、五的週四、五、六、日營業

京都

惠文社 ── 一乘寺店

書店裡備有各種嚴選的書籍，也設有畫廊兼雜貨商店，各種企劃展也備受好評。

● 京都市左京區一乘寺払殿町10
tel&fax　075-711-5919
10:00～22:00除元旦外無公休
http://www.keibunsha-books.com/

和歌山

atiler be

備有雜貨、布料與手工藝材料的店舖。獨家設計的圍裙或手工藝材料頗受好評

● 和歌山縣妙寺町大檜1-6-6
tel&fax　0735-23-0968
10:30～18:00（平日）
11:00～18:00（週日假日）
週二公休

hana*

是店主與其母親兩人共同創作的品牌，「TETE」則是深受好評的童裝店。

● 和歌山縣妙寺町一輪谷3-11-28
tel&fax　0735-31-6937
11:00～18:00週日公休

大阪

prickle

有手創作家的作品、法國引進的鈕扣或布料、花邊布等，看到店內的商品鐵定會忍不住想動手做做看，也能使用店內的布訂做袋子。

● 大阪市北區菅原町14-8
tel&fax　06-6376-0379
12:00～20:00週一公休
http://www.prickle.jp/

dent-de-lion

店名在法語是蒲公英的意思，所以店內採購如蒲公英般的嫩黃色。每個手創家細心做出的作品，都彷彿擁有各自的故事與由來。

● 大阪府吹田市南町1-14-28山方大樓2F
tel&fax　06-4390-4110
12:00～19:30週二公休
http://www.a1.e-line.jp/~dent-de-lion/

24頁的
也想模仿做做看的手工鈕扣

可以買到溫壺套娃娃

＜可以代為寄送＞
以電子郵件或電話洽詢後
根據所需支付金額前往銀行轉帳或現金袋掛號
郵資由顧客負擔
http://www.a1.hey-say.net/~dent-de-lion/about%20order.html

大阪

金絲雀

隱身在辦公大樓裡的本店，收藏有來自日本全國各地創作家的作品，每件都帶有濃濃的懷古感，可愛得令人想擁有。

● 大阪市北區西天滿4-7-10昭和大樓本館 2F
tel&fax 06-6363-7188
11:30～20:00週日假日公休
http://www.h5.dion.ne.jp/~kanariya/

foo

由皆是雜貨創作家的姐妹共同經營，店內有獨家設計製作的袋子、首飾等，也有以「美麗日常生活」概念嚴選的其他作家作品或鈕扣等。

● 大阪市中央區南船場3-2-6大阪農林會館 306
tel&fax 06-62511-5733
11:00～20:00（平日）
11:00～18:00（週日假日）無公休
http://www.hello-foo.com/

98頁的可愛的酒瓶套娃娃

Sacyu

店內有重多少見且不易購得的手工雜貨等，每件都是獨一無二且令人愛不釋手。

● 大阪市中央區上町24-7等娜絲帝清水谷 101
tel&fax 06-4304-0645
11:00～20:00週一公休
http://www.geocities.jp/sacyu_3/sacyu.html

CACHALOT

店名在法語為抹香鯨之意，所以店內到處都可見鯨魚的刺繡或圖案！收藏有袋子、首飾或繡本等手製雜貨。

● 大阪市西區南堀江1-20-19
tel&fax 06-6532-5507
12:00～19:00不定期公休
http://www.cachalot.jp/

Luna-es

店內收藏有個性化的袋子或帽子等手製雜貨，也舉辦手工製作的教室。

● 大阪市西區北堀江1-21-11山名大樓1F，C
tel&fax 06-6535-7702
12:30～20:00週二公休
http://www.luna-es.com/

171

可以買到
插畫與刺繡的咖啡杯墊

含稅￥2415
<可以代為寄送>
詳情請以電子郵件、電話洽詢

布料的花色或顏色有所不同，但可以施以相同的刺繡圖案。

56頁的
依照那天心情配戴的手製帽子

cheval beleu

有來自日本全國雜貨創作家的作品，令人忍不住想擁有的小袋子，或是有張可愛鯨乳的布偶娃娃，總之店內都是女孩子喜歡的東西

● 大阪市中央區南船場2-13等等大樓2F
tel&fax 06-6120-0518
12:00～20:00一週一
11:00～20:00週日假日公休
http://homepage2.nifty.com/cheval-bleu/

Tapie style

店內陳列著色彩鮮豔的作品，偶爾也會展示小型都有很可愛的創作家展豐會。收藏有眾多手創作家的作品

● 大阪市中央區南船場4-4-17HS南船場 BLD B1
tel 06-4963-7450
fax 06-4963-7460
12:30～19:30不定期公休
http://www5f.biglobe.ne.jp/tapie/

ANDS

店內擺滿了雜貨或書本等，來到這裡一定能找到自己喜歡的東西。

● 大阪市中央區南船場1-2-6大阪塔大樓 B2，3F
tel&fax 06-6535-0470
12:00～21:00週二，第四週二公休
http://www.andsshop.com/

cafe&books
bibliothe que

書店兼咖啡館的店舖，還有依季節料理的美味餐點。

● 大阪市中央區南船場1-12-6，守章，梁柏1F
tel&fax 06-4795-7553
9:00～23:00無公休
http://www.cporganizing.com/

大街小巷 手創店鋪＆藝廊

(ン) 大阪

C.D.F
有來自世界各地設計精美的商品，透過
網路也可以輕鬆購得到。
● 大阪市北區中津1-41-31阪急中津大樓1F
tel&fax 06-6821-8016
11:00～19:00週四、第二、三個週二公休
www.cdf.online.jp

(ン) 兵庫

holic
是可以免費取得手創作家作品簡介單
的咖啡館，店內有許多雜貨商品，並
定期舉行「手創祭」的雜貨與甜點活
動。
● 兵庫縣西宮市本町7-14proceed 2F
tel&fax 0798-22-6739
15:00～23:00（週二～六）
12:00～19:00（週日）週一、二公休
www3.to/clubholic

noff*noff
爬滿長春藤的古老大樓裡，才2坪左右
的狹小店內，備有雜貨、國內外音樂
家的CD、書籍等。
● 大阪市中央區伏見町2-2-6青山大樓4F
tel&fax 06-6205-5311
14:00～19:00（平日）
週日假日公休（週六不定期公休）

vivo,vabookstore
在聚集喜歡法國、喜歡巴黎的居民
的城鎮，發現到這家可愛的書店。在
窗戶透進溫柔的陽光底下，真想待在
這裡慢慢看完每一本書。
● 兵庫縣神戶市中央區榮町通3-1-17
ESG大樓4F
tel 078-334-7225
fax 078-334-7226
11:30～20:00不定期公休
http://www.vivova.jp/

可以買到
塗鴨湯匙Cuillèr

含稅¥12000
還有其他種類
（¥800～¥12000）
＜可以代為寄送＞
郵資¥500

Gallery R
在雪白的空間裡，時時舉辦可愛且有
趣的活動或展覽。也有店鋪與咖啡
館。
● 兵庫縣芦屋市茶屋之町1-12SPACE R2F
tel&fax 0797-32-5226
11:00～21:00（展覽會最後一天至19:00）
無公休
http://www.ryu-ryu.com/r/

Feves
自從「PUSH PIN」搬到隔壁後，重新
裝潢而改名為「Feves」，商家連鎖店
共同努力帶給顧客美好的幸福。
● 大阪市都島區中野田町1-13-11eccent
京橋101號
tel 06-6355-0291
fax 06-6355-0293
12:00～20:00無公休
http://www.push-pin.net/

galley jet
收藏眾多能長期愛用的商品，有木製
玩具、文具或模型車等。
● 兵庫縣神戶市中央區海岸通3-1-5海岸
大樓302B
tel 078-331-8839
fax 078-331-2088
12:00～19:00週二公休
http://www.seian-eight.com/

(ン) 兵庫

tit.
位於羊腸小徑裡的小店，每1～2個月
就會到歐洲選購雜貨、首飾、文具用
品等，無論獨一無二的古董品或其他
商品，都是物美價廉。
● 兵庫縣神戶市中央區下山手通3-11-16
kennsu大樓1F北側
tel&fax 078-321-0570
13:00～20:00不定期公休
http://www.tit-rollo.com/

Lumiere
以自然風兼具可愛風的雜貨為主，
並有來自日本全國手創家的作品。
● 兵庫縣神戶市有野中町3-27-1 choral 2
番館1F
tel&fax 078-981-3939
11:00～20:00週四公休
http://lumiere.mond.jp/

Rollo
以歐洲古董鈕扣或珠珠為主的手工藝
品店。看著那些可愛且漂亮的鈕扣，
就覺得心滿意足，值得推薦給喜歡雜
貨的人，另外還有布料或花邊布等。
● 兵庫縣神戶市中央區中山手通3-1-20
南海大樓2樓
tel&fax 078-334-2505
13:00～20:00週三公休（有時會更動）
http://www.tit-rollo.com/

岡山

color drop

每年數度進貨新商品的雜貨店鋪，有玩具、手工藝品、獨一無二的手創家作品，無論是新品或懷舊骨董都令人愛不釋手。
● 岡山縣倉敷市鶴形1-4-21
tel&fax 086-423-4432
13:00～18:30僅週三、四營業
活動期間週六也營業
www.colordrop.or.nu

愛媛

coudre

皆有手創家的作品，每樣商品都令人愛不釋手，另外還有鈕扣或麻布等手工藝品素材，並舉辦藝術家的個展等。
● 愛媛縣松山市大街道1-4-6尚本大樓2F
tel&fax 089-986-3262
12:00～19:00週一公休
http://coudre.cc/

可以買到附有
小口袋的餐墊兼隔熱套

含稅 ¥1600
＜可以代為寄送＞
確定郵匯轉帳後
郵資由顧客負擔
拼布的花樣或顏色會有所不同
詳情請洽詢

RAMUNE

古老的店內皆有手製雜貨或服飾等，儘管可以到這裡來尋寶喔。
● 愛媛縣新居濱市內宮濱町2-5-3（在alpaca內）
tel 0897-35-2055
fax 0897-36-0570
平日 10:00～19:00
假日／例日 10:00～18:00
週四及例例公休
http://www.alpaca-jp.com/alpaca/

minette

有古董雜貨或手製雜貨等，在漂亮的店內也可以品嚐得到茶與蛋糕。
● 岡山縣橫井1 1665
tel 090-7591-4139
13:00～18:00週五、六、日open

舊書與手製ZAKKA風工房

店內的木製玩具、草木染的布、線編織而成的雜貨、陶器、玻璃製品等，皆是手工製作的。
● 愛媛縣今治市延喜甲190-5
tel 0898-25-3610
fax 0898-53-5719
12:00～22:00無公休
http://kazekoubou.ftw.jp/u32259.html

173

cocoro+

以麻布為主的手工藝品材料或和風古董雜貨為主。咖啡館的形式也與minette有所不同，不妨在其營業的時間前去看看。
● 岡山縣橫井1 1665
tel 090-7591-4139
13:00～16:00週三、三、日open

132頁的黏土做成的別針

廣島

MOCA2

店內收藏有各種懷古的商品，不分日本國內外，從用慣了的水準商品到手工製品都有，我喜歡喜或昭和時代的老布都可以剪裁販售。
● 廣島市中區袋町1-11 柏木大樓2F
tel&fax 082-249-0469
12:00～週一公休
http://www.bois2.com/

針針之丘

由老舊民宅改建的空間裡，有手工製的商品與雜貨等。
● 愛媛縣今治市上川町二丁目6207
tel&fax 0898-55-4575
10:00～17:00週日收打公休

ZAKKA BOIS2

寬闊的店內有許多手創家的作品，親切的店內氣氛就像到朋友家遊玩般，隔壁還有連鎖分店，兼有餐廳並舉辦各種活動等。
● 廣島市安佐南區山本1-16-8
tel&fax 082-830-6886
11:30～20:00週二公休
http://www.bois2.com/

高知

SAIL

小小的店內擠滿了手製雜貨或首飾、嬰兒用品等。
● 高知市朝倉己島11-21
tel&fax 0888-24-7877
12:00～19:00週一、平3及例日公休（清木洽東洽詢過）
http://www.hokakebune.com/

🔊 島根

SONORITY

雪白的店內有活躍於日本國內的雜貨手創家的作品，還有老闆精心挑選的獨一無二商品，喜歡與眾不同的人一定要來看看，11月還有娃娃嘉年華。

● 島根縣松江市春日町67-1
tel 090-8064-2789
11:00～19:00週二公休
http://fish.miracle.ne.jp/rinrin/

Girlish

布料與手創家作品的店鋪，足以吸引喜歡布料或手工雜貨的顧客。有懷舊的1930年代到迷戀的1970年代的布料，並設有雜貨製作的教室。

● 島根縣松江市上乃木7-10-8永京軒2F
樓2F
tel 0852-60-5077
fax 0852-60-5078
10:00～17:00週日、一公休
http://fish.miracle.ne.jp/midori/mcolle/

🔊 福岡

chabbit

店內有令人目不轉睛的可愛雜貨、手製商品或自然風格的服飾等。

● 福岡縣中間市中間2-2-1
tel&fax 093-244-9855
10:00～19:00週日公休
http://www.chabbit.com/

🔊 大分

Chez Maman
Mache aux puces

店內有地鐵的壁飾或跳蚤市場尋獲的雜貨等，讓人感覺就像置身於巴黎的日常生活裡。

● 大分縣別府市山之手町11-52
tel&fax 0977-26-7633
11:30～22:00無公休
http://www.chezmaman.jp/

🔊 熊本

equipment:STORE/FLOOR

該店由將房間改建的相當有趣的店鋪，以及舉辦各種活動等的2棟建築物組成，店鋪裡售有稀有的雜貨。咖啡館還賣每月舉辦演唱會或放映電影，咖哩也值得推薦。

● 熊本縣熊本市南中央7-16otutuki大樓1F
tel&fax 096-323-1197
11:00～20:30無公休
http://www.web-equip.com/

FREDDY BROS.

每件都是老闆親自選購收藏的手製古董雜貨。

● 熊本縣熊本市白山1-6-41
tel&fax 096-364-8875
10:30～19:00週四公休（例假日除外）
外出採購等等，有時也會臨時公休。
http://se.kcn-tv.ne.jp/users/freddy-bros/

174

Room「kit hoo see」

黃色的牆壁襯著柔和的陽光，就在迷濛的店內尋找可愛的雜貨吧。

● 福岡縣大野城市雜餉隈町5-3-11
tel 092-571-7738
11:00～18:00週四、一日公休（不定期公休）
http://www31.ocn.ne.jp/~pinnrashop/

可以買到
像咖啡館氣氛的黑板

含稅￥2100（尺寸270×180）
＜可以代為寄送＞
郵資由顧客負擔
可以指定尺寸、顏色或其他
詳情請以電話、電子郵件洽詢

🔊 長崎

ORANGE SPICE

設有可以歇息的喝茶室，並舉行手創作家的作品展等，在福岡、大分也有分店。

● 長崎縣諫早市棐嵐町162-4
tel 0957-22-5151
fax 0957-23-4745
11:00～21:00無公休
http://www.orange-spice.com/

TIGERLILY BOOKSTORE

有電影、音樂、設計、舊外國雜誌、漫畫等足以作為聊天素材的書籍。

● 熊本縣上通町16-19村莊大樓3F
tel&fax 098-322-8566
15:00～20:00週二公休
e-mail：tgrbstr@ybb.ne.jp

🔊 大分

Country Market

以閣樓為設計概念的店內，裝潢得就像可愛迷人的房間，夏天才開放的咖啡館，是讓人可以優閒度過的祕密場所。

● 大分市中央區3-6-29　2F gareria竹町內
tel&fax 097-533-6303
10:30～19:30週二公休（例假日除外）
http://www.countrymarket.co.jp/

🔊 宮崎

Ambience

有來自日本全國各地的手製雜貨。懷舊溫馨的生活雜貨等，並設有教室與展覽賣空。

● 宮崎郡左土原町下田島20296-227
tel&fax 0985-73-5408
11:00～20:00週三公休
http://www.shop-ambience.com/

感謝大街小巷的漂亮店家們協助本書的採訪

(ᘛ) 愛知

糸部

使用起來充滿趣味，眺望時又滿心歡喜，店內就收藏有這些足以感受到手工製品的美好的商品。

● 愛知縣名古屋市千種區猫洞通3-2-10
tel&fax 052-752-2855
11:00～18:00
週三公休（週四也會臨時公休）
http://www.itohen.net/

macashila haroguna

有大正、昭和時代風的舊家具等令人懷古思緒神馳的東西，也有日本全國手創家的創作作品等，在這裡可以購買到新舊混合的創意。

● 愛知縣名古屋市千種區猫洞通3-2-10
tel&fax 052-764-5678
12:00～19:00週三、四公休
http://macashila-haroguna.net/

(ᘛ) 奈良

kanakana

保有奈良町內80年歷史的民宅原貌的咖啡館，挑高的天花板令人印象深刻，店內還有榻榻米與泥巴地的房間，空間相當寬敞，2樓則是雜貨店「Roro」，主要販賣亞洲為主的世界各地雜貨商品。

● 奈良縣奈良市公納堂町13
tel&fax 0742-22-3214
11:00～20:00週一一公休（公休日碰上假日時，則翌日公休）

175

奈良町工房

改建過去的女生宿舍，聚集了喜歡手工創作家而成立了七個店舖&工房。

● 奈良縣奈良市公納堂町11

(ᘛ) 東京

BRIQUE

店內有只要看看就會覺得幸福的首飾、服飾、雜貨、古董小東西等，2004年在目黑開業，2005年則遷移至代官山，該店的風格定位在，變成大人仍喜歡可愛東西的女生，想擁有與眾不同的首飾服飾等，永遠對雜貨的熱愛不減。

● 東京都澀谷區鶯谷町3-4粉紅屋1F-A
tel&fax 03-3780-9789
12:00～21:00（週日至20:00）週四公休
http://www.brique.jp/

可以購買得到
用自己喜歡的花布做成的茶壺

含稅￥7245
＜可以代為寄送＞
現金掛號或銀行轉帳
郵資由顧客負擔

(ᘛ) 神奈川

haco

每月在haco都有作品展等，可以欣賞到各式各樣創作家的創作作品或理念，同時在這裡也可以身體力行感受到創作的樂趣。

● 神奈川縣三浦郡葉山町長柄409
tel&fax 046-876-0309
11:00～18:00週一、二公休（展覽會期間無休）
http://www.h7.dion.ne.jp/~shushu/

(ᘛ) 愛知

HULOT graphiques

售有法國50～60年代的複製廣告海報、明信片等充滿法國風情&通俗藝術的雜貨店。

● 愛知縣名古屋市千種區樋元町2-36
tel&fax 052-751-0063
13:00～18:30（週日假日一18:00）
週四公休
（採購等時，有時候會臨時公休）

● 租書&奈良町文庫
tel 0742-24-2460
13:00～17:00（週六日假日～18:00）週一、二公休，有時也會臨時公休

● 工房麥汁
tel 0742-25-0212
10:00～18:00週二公休

● 空步
tel&fax 0742-26-0493
10:00～18:00週二公休

● 亞洲雜貨mimpi
tel 0742-24-4377
11:00～18:00週二公休
http://mimpi.press.ne.jp/

● nokonoko
tel 0742-24-7167
12:00～19:00（有時18:30）週一、四公休

● NAZUNA
tel 無
週六、日、假日的中午～傍晚

● glass studio bee
tel&fax 0742-24-9138
13:00～19:00（第一、四11:00～17:00）週二、第二及第三週一公休

創造只屬於你的，擁有幸福魔力的生活雜貨

大人の幸福雜貨DIY

生活良品 035

編　　集　　咕溜咕溜編輯室
攝　　影　　wadarika
插　　圖　　鈴木珠基
譯　　者　　陳柏瑤

總 編 輯　　張芳玲
書系主編　　張敏慧
美術設計　　林惠群

太雅生活館 編輯部
TEL：(02)2880-7556 FAX：(02)2882-1026
E-MAIL：taiya@morningstar.com.tw
郵政信箱：台北市郵政53-1291號信箱
網頁：www.morningstar.com.tw

CAFÉ NO YONI KURASU MONZUKURI RECIPE
by KURIKURI HENSHU SHITSU
Copyright © 2005 KURIKURI HENSHU SHITSU
All rights reserved.
Originally published in Japan by FUTAMI SHOBO PUBLISHING CO.,Tokyo.
Chinese (in complex character only) translation rights arranged with
FUTAMI SHOBO PUBLISHING CO., Japan
through THE SAKAI AGENCY and JIA-XI BOOKS CO., LTD..
Complex Chinese language edition copyright © 2006 by Taiya Publishing Co., Ltd.

發 行 所　　太雅出版有限公司
　　　　　　111台北市劍潭路13號2樓
　　　　　　行政院新聞局局版台業字第五〇〇四號
印　　製　　知文企業(股)公司 台中市工業區30路1號
　　　　　　TEL: (04)2358-1803
總 經 銷　　知己圖書股份有限公司
　　　　　　台北公司 台北市羅斯福路 二段95號4樓之3
　　　　　　TEL: (02)2367-2044 FAX: (02)2363-5741
　　　　　　台中公司 台中市工業區30路1號
　　　　　　TEL: (04)2359-5819 FAX: (04)2359-5493

郵政劃撥　　15060393
戶　　名　　知己圖書股份有限公司
初　　版　　2006年9月15日
定　　價　　250元
（本書如有破損或缺頁，請寄回本公司發行部更換；或撥讀者服務部專線04-2359-5819*23）

ISBN-13：978-986-6952-07-4
ISBN-10：986-6952-07-X
Published by TAIYA Publishing Co.,Ltd.
Printed in Taiwan

國家圖書館出版品預行編目資料

大人の幸福雜貨DIY / 咕溜咕溜編輯室編集 ；
陳柏瑤譯. -- 初版. -- 臺北市 : 太雅，
2006[民95]　　面：公分. -- (生活良品：35)

ISBN 978-986-6952-07-4(平裝)

1.家庭工藝

426　　　　　　　　　　　　　95015881